U0392647

深入
野性蒙古

【美】乔治·夏勒 著
刘炎林 于洋 译

Into Wild Mongolia
George B. Schaller

生活·讀書·新知 三联书店

图书在版编目（CIP）数据

深入野性蒙古 /（美）乔治·夏勒著；刘炎林，于洋译. -- 北京：生活·读书·新知三联书店，2025. 3.
ISBN 978-7-108-07968-8

Ⅰ. Q958.531.1；Q948.531.1

中国国家版本馆 CIP 数据核字第 2024VR5160 号

责任编辑 李静韬
装帧设计 薛 宇
责任校对 张 睿
责任印制 卢 岳
出版发行 生活·讀書·新知 三联书店
（北京市东城区美术馆东街 22 号 100010）
网　　址 www.sdxjpc.com
经　　销 新华书店
印　　刷 河北品睿印刷有限公司
版　　次 2025 年 3 月北京第 1 版
2025 年 3 月北京第 1 次印刷
开　　本 880 毫米 × 1230 毫米 1/32 印张 7.25
字　　数 128 千字 图 41 幅
印　　数 0,001－5,000 册
定　　价 59.00 元
（印装查询：01064002715；邮购查询：01084010542）

一位牧民妇女搂着她正在饲养的小赛加羚羊

野生双峰驼和蒙古野驴同时造访戈壁沙漠中的水坑

动物保护者次仁德勒格在检查一头被雪豹袭击受伤的家牦牛

在乌兰巴托附近的山上，一只发情期的公马鹿在号叫

几只野生双峰驼列队走过戈壁沙漠

我们在辽阔的东部大草原上的营地

麻醉的戈壁熊醒来后，看到我们的车，很是恼火，虚张声势地冲了过来

我们的研究营地由三座蒙古包组成，位于阿尔泰山的乌尔特山谷，我们在那里研究雪豹。我们的儿子埃里克坐在蒙古包前

给雪豹戴上无线电颈圈之前，牧民阿玛尔（左）和乔治·夏勒抱着已被麻醉的雪豹

完成雪豹研究后，我们离开牧民阿玛尔在乌尔特山谷的家时，他们全家人向我们挥手告别

一大群蒙原羚在蒙古东部大草原傍晚的光线中闪闪发光

几位上了年纪的僧人回到了戈壁上的乌尔金寺，这个寺院在 20 世纪 30 年代被毁

旱季，蒙原羚挤在渗水处喝水

拉瓦悄悄接近蜷在地上的蒙原羚幼崽，把它抓住并称重、做标记

柯克·奥尔森（左）和达利亚·敖登呼在给一只新生的蒙原羚称重

目　录

引　言

一切有为法，
如星翳灯幻，
露泡梦电云，
应作如是观。

——鸠摩罗什，《金刚经》

清晨7点40分，火车从北京启程，前往蒙古国首都乌兰巴托。这趟旅程长达30个小时。返乡的蒙古人挤满了车厢，每个人都带着大包小包的货物，自用或是出售。凯和我更愿意坐飞机，但从北京到乌兰巴托，每周只有一班航班，我们又着急离开北京。这一天是1989年8月12日。火车向西行驶，穿过长城。公元前300年前后，中国中原王朝筑造了长城，阻挡北方游牧部落的侵袭。火车沿途经过平原和低矮的山丘，穿过长满玉米和向日葵的田地，抵达大同。从大同向北，我们开始进入中国的内蒙古自治区。麦田消失，窗外变成沙质平原，长满稀疏的草丛。草原上偶尔冒出一个用毛毡覆盖的圆形蒙古包，似乎要消融在广阔的天地间。内蒙古面积只有蒙古国的四分之三，但人口高达2100万，而蒙古国只有200万人。1915年，中俄签订协约，将蒙古高原分为内蒙古和外蒙古，中国直接管辖内蒙古，不过对外蒙古仍拥有宗主权。然而，1921年，外蒙古宣布独立，国号“蒙古”。1946年，中国政府承认蒙古国，翌年正式建立内蒙古自治区。

一年前，国家地理学会询问我是否愿意调查蒙古的野生动物，我欣然应承。自 1980 年以来，我一直与中国同事合作，先是研究大熊猫，然后到青藏高原研究野牦牛和藏羚羊等物种。蒙古国位于中国和俄罗斯之间，幅员与阿拉斯加相当，面积约为 1566500 平方公里，大约是法国的 3 倍。我对蒙古国的野生动物兴趣盎然，那里生活着野骆驼、蒙古野驴、蒙原羚、戈壁熊和其他动物，都没人做过详细研究。1932 年，罗伊·查普曼·安德鲁斯（Roy Chapman Andrews）出版研究报告《中亚的新征服》（*The New Conquest of Central Asia*）。他在书中讲述了 1923 年发现恐龙蛋的经过，以及他观察到的野生动物。比如蒙原羚，“整条地平线变成移动的线条，由黄色的身体和弯曲的脖子组成。除了非洲，其他任何地方都不可能看到如此大群的野生动物。我们估计眼前至少有六千只，也可能有一万多只”。

我怎么能拒绝探访蒙古呢？

然而，到蒙古开展工作可能有些问题。几个世纪以来，中国和俄罗斯一直在争夺该地区。从 20 世纪 20 年代到 80 年代，蒙古一直动荡不安。1919 年，中国军队袭击乌兰巴托，1920 年初占领乌兰巴托。1920 年 10 月，正当蒙古试图独立建国，又遭到一支逃避布尔什维克的白俄军队入侵。这支军队的指挥官是嗜杀成性的“疯狂男爵”冯·温格恩 – 施特恩贝格（Baron von Ungern-Sternberg）。他的军队征服乌兰巴托，驱逐中国人，大肆屠杀蒙古人。贾斯帕·贝克尔（Jasper Becker）在《失落的国家》（*The Lost Country*）中引用一位目击者的证言：屠杀持续了三天，“不分年龄、种族和信仰，无数男人、女人和儿童遭到砍杀，被射杀，被勒死，被吊死，被钉死，被活活烧死”。1921 年，蒙古苏维埃联合部队赶走白俄军队，处决了“疯狂男爵”，蒙古宣布独立。

1924 年，蒙古国通过苏维埃宪法，成为继苏联之后的第二个社会主义国家。实际上，蒙古变成了苏联的卫星国。如此一来，蒙古在贸易和发展方面完全依赖苏联，蒙古政府对斯大林及其继任者唯命是从。对外交往中断了，这个国家把自己封闭起来。12 世纪的伟大征服者成吉思汗和忽必烈汗的土地，已经被彻底征服。

作为美国人，我能否获得跟蒙古生物学家合作的许可？事情看起来颇有希望。1987 年，美国在乌兰巴托设立大使馆。同年，蒙古国成立自然和环境部。（这个部门几经更名，不过为了清晰起见，我在本书中将一直使用这个名称。）到 1989 年，铁幕撕开那年，蒙古国启动开放政策，向世界开放。

1988 年，我向新成立的自然和环境部申请邀请函。我还在等待答复，国家地理学会毫无预警地擅自撤销了拟议的项目。不过纽约动物学会（后来改名为国际野生生物学会，简称 WCS）继续支持我，我是该学会的野外生物学家。令我高兴的是，凯和我收到了蒙古国自然和环境部的正式邀请。

1989年8月13日，我们乘坐的火车抵达中国内蒙古二连浩特。从二连浩特开始，铁路轨道变窄，火车必须更换车轮。耽搁三小时后，火车继续前行，凯和我断断续续地打着瞌睡。迎接早晨的是连绵起伏的辽阔草原。接近中午时分，我们进入生长着稀稀落落的云杉、落叶松和白桦树的山丘和山谷。下午1点15分，我们抵达杂乱无序的乌兰巴托。自1639年到1923年，这座城市的名字都是“乌尔格”（Urga）。直到1923年，革命英雄达木丁·苏赫巴托尔（Damdin Sukhbaatar）逝世。1924年，为了纪念达木丁，蒙古国的首都更名为“乌兰巴托”，即“红色英雄”。

自然和环境部对外办公室主任登布日勒道尔吉（G. Dembereldorj）接见了我们。他身着西装，瘦削而风流，说一口流利的英语。我们开车经过一望无际又不伦不类的公寓楼，进入市中心，来到乌兰巴托宾馆。宾馆门前矗立着一座列宁雕像，周围都是带多立克立柱的宏伟俄式政府大楼。其中一座是大呼拉尔所在地，相当于最高苏维埃。吃饭时，登布日勒道尔吉直截了当地问道：“你想做什么？你想去哪里？我帮你安排。”这令我耳目一新。

根据粗浅的书本知识，我知道蒙古国有四大植被带。南部靠近中国的区域是沙漠和半沙漠，中部是宽阔的草原，北部接近苏联边境的山区有一些森林。我喜欢沙漠和草原，在那里可以远距离观察动物，我还喜欢野骆驼和蒙原羚等动物。

不过，我不知道蒙古国的科学家是否研究过这些物种。乌兰巴托大学成立于 1942 年，蒙古国科学院成立于 1961 年。来自不同研究所的俄国人在蒙古做过调查，收集过标本。自 1962 年以来，来自东德哈勒市的马丁路德大学组织了蒙古－德国考察队，做过很多研究，内容包罗万象，从甲虫到海狸，从虱子到地衣，都有涉猎，并且发表了大量报告。根据别处的经验，我知道生物学家相当有领域性，特别是针对可能侵入他们研究的物种或领域的外国人。好吧，我很快就会发现的。

我们决定，合作项目的第一步是到戈壁沙漠，去观察野骆驼和可能存在的戈壁熊。这两种动物只在大戈壁国家公园 A 区及其周围出现过。A 区是严格保护区，幅员约 44000 平方公里，向南延伸至中国边境。B 区位于 A 区以西约 240 公里处，幅员约 8800 平方公里。我没想到，接下来的几年里，我将一次又一次回到蒙古。从 1989 年到 2007 年，我一共到访蒙古十六次，每次一两个月，协助蒙古国保护野生动物，而且每次都满心喜悦，期待重返。之后，印度、巴西、中国和其他国家的项目分散了我的注意力。不过到 2018 年，离别十年之后，我再次返回蒙古，渴望重新认识这个国家，观察环境、野生动物和文化的变迁。

野骆驼和戈壁熊都很罕见，准确数量不详。20 世纪 80 年代初，苏联探险队估计，约有 650 头野骆驼，25 头至 30 头戈壁熊。我跟这些动物的亲属有过接触，希望更多了解它们的日常生活。两年前，我和儿子马克跟随驼队穿越中国新疆的昆仑山，进入青藏高原。除了马克和我，还有九位汉族和维吾尔族驼工，以及16头骆驼。我喜欢坐在驼峰之间，缓缓地来回摇晃，似乎在寂静的山地荒原上飘浮，仅有的声响是骆驼脚垫踩在沙地上的摩擦声以及队尾骆驼脖子上的铃铛响。在大地上缓慢旅行，对我有着莫大的吸引力。然而，这一次我们将不得不乘坐嘈杂的车辆。至于熊，我在中国研究过大熊猫和亚洲黑熊，也遇到过西藏棕熊，它们都生活在相当优渥的栖息地中。然而在蒙古，戈壁熊在严酷的沙漠中生存。它是如何做到的？

1980年6月至1982年10月，一支苏联探险队在戈壁开展过详细的生态调查。L. V. 质莫夫（L. V. Zhirnov）和V. O. 伊林斯基（V. O. Ilyinsky）撰写了调查报告《大戈壁国家公园：中亚沙漠珍稀动物的庇护所》（*The Great Gobi National Park: A Refuge for Rare Animals of the Central-Asian Deserts*）。我读过这份报告，它提供了宝贵的信息，刺激我深入研究戈壁动物的生活。

为野外调查做准备耗费了四天。我没意识到，搞定食物、汽油、能用的车辆和其他必需品是多么困难。等待期间，我在图拉河（Tuula River）附近的城镇闲逛，有时和凯一起，有时独自一人。城市中心是巨大的苏赫巴托尔广场，蒙古人民共和国就在这里宣布成立。广场上矗立着达木丁·苏赫巴托尔的雕像，骑着奔马，高举右臂。蒙古国斯大林式领导人霍尔洛·乔巴山（Khorloogiin Choibalsan）的陵墓也在广场上。在20世纪上半叶的大部分时间里，乔巴山统治着蒙古。歌剧院也在广场上，这是一座典型的俄式巨石建筑，上面挂着列宁的大红标语。附近还有一座斯大林的雕像。街道很宽阔，但没什么车辆，连自行车都没有，后者在中国很常见。人们都在步行。这座城市笼罩在巨大的燃煤发电厂造成的阴霾里。城市里生活着五十万居民，占全国人口的四分之一。走在路上，偶尔我会注意到一个身穿西装的男人漫不经心地跟着我们。如果我们停下来，朝商店的橱窗看一眼，他也会这样做。公安部门正在监视我们，就像监视其他人一样，通过这种方式，保持全国整齐划一。我们走进一家百货商店，里面挤满了当地居民以及苏联顾问和士兵。但是商品很稀少。一条长队在童装部苦苦等待，另一条在面包店等待。有一家商店接受外汇，但它主要卖香烟和酒。当我们身处市中心，这座城市的规模并不明显。成千上万的人挤在蒙古包里，住在附近的山谷里和山坡上。大多数家庭被隔离在木板、围栏后面，没有自来水或卫生设施。

在自然和环境部的会议上，我遇到几位新同事。加齐勒·次仁德勒格（Jachliin Tserendeleg）是蒙古国环境与自然协会的执行主任，一个令人愉快的热心人，时年四十多岁，目光炯炯，真心实意想帮助这个项目。S. 朝伦巴特尔（S. Chuluunbaatar），或叫朝巴，三十多岁，英语和德语都很好（他在东德待了六年），也在蒙古的一个保护组织工作。高勒·阿玛尔赛纳（Gol Amarsanaa）是蒙古国科学院的雪豹生物学家，也是三十多岁，身材魁梧，看起来像斯拉夫人，有点不情愿跟我们一起工作。

登布日勒道尔吉和次仁德勒格——在这里，熟人之间通常称呼姓氏或昵称，而不是名字——想向我们展示乌兰巴托的古代文化遗迹。我们来到夏宫，这是哲布尊丹巴·呼图克图的故居。哲布尊丹巴是佛教领袖，在格鲁派的等级制度中仅次于达赖喇嘛和班禅喇嘛。故居里有一些唐卡和佛像。但故居给我的主要印象就像是一座死亡动物园。这里有老虎和雪豹的毛皮，还有一顶铺满豹皮的蒙古包。有一个房间摆满了动物标本：一只北极熊，一只长颈鹿，多只企鹅，一只吼猴，还有天堂鸟以及其他动物。据说呼图克图有一座私人动物园。他确实留下了非常奇异的遗产。事实上，这座"宫殿"是物种灭绝的纪念碑，属于呼图克图本人。

在13、14世纪，蒙古人统治过青藏高原部分地区。因此，藏传佛教的格鲁派（即黄教）在中国和蒙古广为流传，到16世纪时已成为蒙古的主要宗教。在《中亚》（*Central Asia*）一书中，加文·汉布利（Gavin Hambly）清楚阐述过这一时期错综复杂的历史。"也许是出于传教士的热情和政治家的智慧，三世达赖喇嘛索南嘉措（1543—1588）来到蒙古。1578年，他说服阿勒坦汗（成吉思汗的后裔）皈依佛门，后者首次赐予他达赖喇嘛的尊号。于是，他的所有化身均尊称达赖喇嘛。此后，格鲁派在蒙古迅速传播，建立了许多喇嘛庙（卡拉库伦附近的额尔德尼·德珠寺建于 1586 年）。很快，藏传佛教在蒙古也有了自己的活佛——呼图克图。”皈依佛教可能有助于蒙古人形成文化认同，但没有减少他们的侵略性，部落战争和对邻国的侵略有增无减。

我们现在来到末代呼图克图的家里。据说这位呼图克图放荡不羁。他统治蒙古四十九年，最后十三年同时担任宗教领袖和国家首脑。彼时，乌兰巴托城内外有一百座金顶寺庙，可以听到一万五千名僧侣的诵经声。这位呼图克图于 1924 年去世。彼时蒙古人与西藏相连的精神根基开始瓦解。转世的呼图克图无疑会对 1989 年的乌兰巴托感到震惊。他的宫殿变成了博物馆，众多寺院和僧人不复存在。C. R. 鲍登（C.R. Bawden）在《蒙古现代史》（*The Modern History of Mongolia*）中写道：“几乎没有任何东西能表明，乌兰巴托位于古老的乌尔格遗址之上。乌尔格曾是蒙古喇嘛教的中心，艺术成就辉煌，堪与拉萨媲美。”在我短暂的访问中，只看到甘丹寺还在，里面大约有一百名老年僧人。在 20 世纪 20 年代和 30 年代苏维埃统治时期，发生了大清洗，大量寺庙被摧毁，这在很大程度上改变了蒙古的文化。第一次到访蒙古时，我对这些历史事件知之甚少。向蒙古的合作机构介绍我在中国西藏的工作时，我的照片里不仅有野生动物，还有许多美丽的寺庙、五颜六色的僧侣队伍，以及宗教节日期间大量人群接受高僧大德祝福的情景。我的听众着迷中带有不安，这是我以前在讲座中从未注意到的情况。这是一种模糊的记忆，还是对骇人过往的否认，一种遗忘的约定？好吧，每个国家都发明了自己的历史。

关于蒙古的书籍，通常关注成吉思汗以及蒙古大征服后的那几个动荡的世纪，或者是近代史、游记和探险记录。有一些书籍简要提到过野生动物。蒙古人、俄罗斯人和其他民族的生物学家也撰写过许多科学论文，介绍各种野生动物。我是一名博物学者，喜欢观察动物的行为，怀着同情心，为保护动物而努力。由像我这样的博物学者撰写的通俗文学作品却很少。当然，我和同事也收集关于各种动物的详细数据。例如，我们给雪豹、戈壁熊和蒙原羚佩戴无线电项圈，跟踪它们的行踪，监测它们的活动，这在蒙古国是首次。有了物种习性的信息，环保主义者和政府机构就有可能制订坚实的物种保护和管理计划。我们的工作，恰逢蒙古国特别痛苦的时期。经过 1989 年至 1992 年的“重组”，蒙古国从集权主义转入更稳定的社会。恶意破坏、肆意抢劫、物资短缺和道德沦丧，造成忧虑和忧郁的社会氛围。我们在这迁延日久的动荡时期开展的研究，提供了一种有趣的历史视角，一种值得记录的视角。本书将根据我的观察和经验，呈现这种视角。然而，无论是在蒙古还是别处，我的主要目标一直是研究自然，提及他事主要是因为它们闯入了我的视野。

能在蒙古国度过这些年月，我备感荣幸。赞巴·巴特吉日嘎拉（Zamba Batjargal）部长和加齐勒·次仁德勒格的慷慨接待，让我深感幸运。蒙古国的许多生物学家和地方官员（他们将在书中亮相）向我这个四处漂泊的美国人展现了美好的合作精神。蒙古牧民和其他家庭的热情好客广为人知。他们敞开家门，欢迎我们这些陌生人，这让我深为感激。

由于我还在其他国家开展项目，只能把有限的时间投入蒙古。在帮助其建立各种项目后，我把这些项目交给了其他人，包括蒙古人和外国人。我很幸运，能够让两位优秀的美国野外生物学家参与工作。一位是托马斯·麦卡锡（Thomas McCarthy），他和家人住在蒙古，继续研究雪豹、骆驼和戈壁熊数年之久。另一位是柯克·A. 奥尔森（Kirk A. Olson），二十多年来，他主要投身东部大草原和蒙原羚的研究。这片壮丽草原的未来受到发展的威胁，他以巨大的奉献精神关注东部大草原的保护。他也在蒙古得到个人的圆满，在那里结婚并定居。

第一章

戈壁野骆驼

像我们刚才提到的这种旅行，除了地理学价值，还可以最终解决是否存在野骆驼和野马的问题。当地人反复告诉我们确实存在这两种动物，还对它们做了全面描述。

尼古拉·普热瓦尔斯基
（Nikolay Przhevalsky），1879 年

我们达成一致，1989 年 8 月和 9 月前往大戈壁国家公园，重点详细调查野骆驼，顺带关注其他物种。我迫不及待前去实地考察，去观察和感受沙漠，拿着望远镜游荡，观察野骆驼的隐秘生活。会议、讨论、准备、等待，以及更多的等待，耗费了好几天。终于在 8 月 18 日，朝巴、凯和我向西飞往阿尔泰镇。飞行历时两小时。飞机掠过森林覆盖的山脊，最高的山峰白雪皑皑。阿尔泰镇由低矮的建筑和营房以及郊区的蒙古包组成。入住酒店后，我们到小镇上闲逛。一个巨大的牌子上写着西里尔字母的标语："牲畜是我们的财富"。（自 20 世纪 90 年代以来，随着新"开放"政策的实施，据说古老的蒙古文字已经在谨慎地卷土重来。）建筑物上装饰着列宁像和大红星。我走进一家商店。货架上除了一些鞋子和牙膏，空空如也。

我们乘坐两辆苏式吉普车出发，前往戈壁公园。行程约 250 公里，穿越起伏的草原。三只蓑羽鹤目送我们经过。我在青藏高原见过许多蓑羽鹤在湿地筑巢，然后向南越过喜马拉雅山，迁徙到尼泊尔和印度过冬。我寻思这三只鹤将在哪里度过寒冷的月份。穿越一条低矮的山脉时，我数了数或深灰或棕褐的矮胖旱獭。它们是幸存者。蒙古每年向苏联出口数千张旱獭皮。旱獭坐得笔直，警觉地监视着我们，然后奔向自己的洞穴，白色的尾巴在身后飘荡。穿过另一条山脉后，我们下到一个点缀着咸水湖的宽阔山谷，再绕过一座县城。蒙语称县城为“苏木”。在下一条山脉，我们在一个小瀑布和一条清澈的小溪边停下吃午饭——面包、黄瓜和羊肉罐头。羊肉罐头只能从特殊的军队供应品商店买到。另一条山脉的草坡上，大群大群的黑脸肥尾羊拥挤着。在一个海拔约2400米的山口上，有卵石垒就的石堆，这就是敖包。敖包上堆着几副北山羊和盘羊的角，还有锈迹斑斑的汽车零件。我们停下脚步，往敖包上添了一块鹅卵石。这是一种佛教仪式，象征着我们的奉献精神。

下到宽阔的冲积平原后，我们在一座蒙古包前停下。这家人养了四只从野外抓来的野骆驼幼崽，让家骆驼给它们喂奶。这是野骆驼圈养项目。这些幼崽是去年春天出生的。它们惹人喜爱，全身浅灰棕色，腿很细，两个小驼峰上各长着一撮黑毛，眼睛鼓鼓的，目光温柔。去年，五只圈养的野骆驼幼崽死了两只。牧民们为什么要捕捉这些幼崽，而不是成年骆驼？我希望能找到答案。

离开阿尔泰镇十个小时后，我们到达大戈壁国家公园的总部巴彦托欧若（Bayan Tooroi）。巴彦托欧若位于公园外近两公里处，地势开阔，有大约二十座砖砌平房和几十座蒙古包。一行巨大虬曲的白杨树（*Populus*）追踪着地下河，树枝上突兀的取食线离地面约2.7米，是骆驼能达到的高度。我们的房间很呆板，两张床，一个帽架，还有许多苍蝇。有个冰箱，我打开一看，里面是大块的腐肉，鲜血淋漓。

公园主任乌·朝伦（U. Chuluun）身材矮小，和蔼可亲。他出来迎接我们，告诉我们说，他将准备一辆卡车，装好汽油、食物和其他必要物品，供我们在公园里两周之用。阿日瓦丹·图拉嘎特（Ravdangiin Tulgat）也做了自我介绍，过去六年他一直负责公园的研究工作。图拉嘎特高而瘦，脸色相当阴沉，带着居高临下的微笑，好像在酝酿私密笑话。他是我们此行的向导，我希望他能教我很多关于骆驼和其他野生动物的知识。

7点天亮，但8点前人们一点动静都没有。我很快了解到，我们的蒙古同事晚起的能力很强，而凯和我通常都是早起。

11点15分，我们开车去转了一小圈。我们路过打草机、灌溉的瓜田和海棠果园，这些都是宝贵水源的使用大户。我被告知，今年是干旱年份。自20世纪80年代初以来，多数年份都是如此。目前的降水量低于正常水平，温度较高，沙尘暴也比较频繁。蒙古是干旱多风的国家，晴天很多，雨水很快就蒸发殆尽，没有渗入土壤。地下水往往是盐碱水。在戈壁沙漠地区，年降水量只有 50—100 毫米。北部毗邻的大草原平均年降水量为 152—254 毫米，北部森林边缘附近的乌兰巴托约为 380 毫米。全国 80% 以上的土地是牧场，容易受到荒漠化的影响，只有 2.5% 的土地适合耕作。这些数据清楚说明了蒙古国的生态局限性。

我想知道，巴彦托欧若用了这么多来自周围山岭的珍贵水源，是否会影响公园绿洲所依赖的地下水位，因为野生动物也需要生存。我被告知，地下水位已经下降，重要的泉眼已经干涸。大片木本灌木梭梭（*Haloxy lonammodendron*）死于干旱。如今，这些高达 1.5 米或更高的虬枝灌木不长叶子，骆驼失去了一种主要食物。毕竟，戈壁一词来自汉语，意思是“无水的地方”或“石质地面”。我了解到这些信息，暂时没有什么评论。

我们在一个蒙古包前停下。迎接我们的妇女面带微笑，她身穿长至脚踝的传统蓝色长袍，头戴绿色的帽子，怀里搂着一只年幼的赛加羚羊。这是一种迷人的灰褐色动物，有着大而圆的嘴和温柔的眼睛。蒙古有三个赛加羚羊小种群，政府希望在这里建立一个新的种群。但这里很荒凉，不知道以前有没有过这种动物。1985 年至 1989 年，政府共捕获 104 只幼崽，交由家养山羊喂养。那些活下来的放归了，还剩下 38 只幼崽。

赛加羚羊短而白的角在中国传统医学中很受欢迎，被称为羚羊角。羚羊角几乎与犀牛角或麝香一样珍贵，据说可以治疗高烧、惊厥、高血压和其他疾病。近年来，数以万计的赛加羚羊在哈萨克斯坦和中亚其他地方遭到合法或非法的捕杀。这个物种是否能在蒙古国存续，前景未明。

畜栏里有四只野骆驼，大约两岁或者更大些，还有几只家养骆驼。家骆驼和野骆驼很容易杂交，尽管它们的DNA差异大到可以划为不同的亚种。当地牧民鼓励这种杂交，以便产下速度更快的赛驼。赶上干旱年份，政府允许牧民带牲畜进入公园的缓冲区，就像现在这样，于是两种骆驼很容易混在一起。公园管理处在公园里射杀了几头混血骆驼，试图保持稀有野生品系的纯正。那么，为什么允许两种骆驼生活在一起？为什么允许家骆驼和野骆驼在公园里争夺稀少的食料？这种安排是有计划的，还是漠不关心或是粗心大意？我不大敢去问，因为询问意味着批评。这个国家最近还在清除"资产阶级分子"，而我初来乍到。事后我为自己的谨慎感到懊悔。我在1998年出版的《青藏高原上的生灵》一书中写道：

> 1987年至1991年，大戈壁国家公园共捕获了22头小骆驼（10头雄性，12头雌性），表面上是为了圈养繁殖。其中9头小骆驼很快就死了，其余个体（6头雄性，7头雌性）由自由放养的家养骆驼养大，生活在公园总部巴彦托欧若附近。这些小骆驼成熟后，公园管理处没能将

野生的和家养的隔离开。1987 年出生的一只雌性，与一头雄性家骆驼交配，于 1992 年和 1994 年各产下一头杂交骆驼。

野骆驼非常稀有，需要特别关注，它们不应该随意杂交。世界自然保护联盟（IUCN）和国际公约《濒危物种国际贸易公约》（CITES）等，均将野骆驼列为极度濒危物种。蒙古和中国也给予这些动物充分的法律保护。

同时观察野骆驼和家骆驼，我们可以清楚地看到它们之间的差异。家骆驼体形较大，毛发较多，颜色较深，驼峰大

我们向戈壁沙漠中的牧民问路，他牵着一头驼峰巨大的家骆驼

而不整齐，而且冠部有很多毛。相比之下，野骆驼身材瘦小，被毛为浅灰褐色，驼峰小而整齐。两者如同耕马与赛马之别。

经由朝巴的翻译，图拉嘎特告诉我，公园里大约有 500 头野骆驼，但数量可能正在减少。它们从 12 月到次年 2 月交配，孕期约 400 天，于下一年 3 月、4 月间分娩。因此，如果小骆驼能活下来，一头雌骆驼每两年才生一次。野骆驼四五岁时性成熟。图拉嘎特也许会给我看他的骆驼普查数字。我注意到他强调了“也许”这个词。我已经被告知，蒙古科学家不愿意与外国人分享数据。一位科学家说：“苏联人来到这里，拿走了我们的数据，然后我们再也看不到数据了。”

蒙古在“管理”赛加羚羊和野骆驼这两种珍稀濒危物种，却对它们在巴彦托欧若可能发生的杂交或衰退漠不关心。我需要进入野外，逃避面对这样的问题，至少在一段时间内。在遥远的地平线上，圣母山独自从沙漠中升起。这座巨大的花岗岩板山风蚀严重。通往圣母山的道路穿过结壳和倒塌的盐碱地，大地无比空旷，带有严酷和耀眼之感。在一个地方有一座小丘，地下有泉水冒出。传统做法是停下来喝一口新鲜的冷水。一看到我们的汽车，四只鹅喉羚或黑尾原羚逃之夭夭。我们爬上荒芜的山头，岩石在热浪中震动，几只带有红色和绿色斑点的淡黄色鬣蜥在一旁观看。运动让我恢复了活力。我们下山时，岩石斜坡在夕阳下发出柔和的光芒。回到巴彦托欧若，我们晚餐吃了“布斯”（*buus*），当地人最喜欢的一道油炸羊肉饺子。我们吃饭的时候，电视里播放着英国口音的美国摇滚乐。这是一档从波兰传送到蒙古的俄罗斯节目。

我们乘坐两辆吉普车和一辆卡车离开，向东南方向约 80 公里外的绿洲挺进。

平坦的地形逐渐抬升，变成丘陵，到处是石头。劲风吹拂，这里是一片干涸的土地，散布着低矮的灌木。卡车抛锚了。在司机修理出故障的线路时，我们到附近徘徊。唯一的绿色是野葱的细芽，以及一种罕见的戈壁藜属矮灌木的肉质叶子。图拉嘎特指出，野骆驼喜欢这种灌木的叶子。我觉得它们多汁但酸涩。卡车修好了，我们继续前进。卡车一次又一次抛锚，我们只好在岩石废墟中或炙热沙地上等待。当红色的圆球在地平线上摇摇欲坠时，我们的吉普车飞快地朝营地开去，把卡车落在后面。营地坐落在黑色石头的山间，有一间孤零零的泵房和一个牲畜槽。今天唯一看到的野生动物是四只疯狂逃窜的鹅喉羚（或黑尾原羚）。卡车午夜才到营地，两个小时后向目的地夏日胡鲁斯（Shar Khuls）绿洲继续前进，当时我们其他人还在睡觉。

第二天，我们在一片裸露丘陵中的脆黑岩石迷宫里蜿蜒穿行，通过一条巨大的山谷，接着下到一片宽阔的洼地。平原上满是砾石，几株没有叶子的绿色灌木吸引了我的注意。我被告知，这是野骆驼的另一种食物，麻黄属植物。前方是一片参差不齐的山脉，在一座山谷的入口处有一片三叶杨，在这荒芜的土地中似乎是海市蜃楼。那里还有柽柳灌木，约 1.5 米高，像是石楠，叶子有鳞片。一片高大的芦苇几乎填满几百米长的谷底，这是有水的好迹象。灌木和芦苇都能为骆驼提供食物。卡车到了我们的营地，距离这个地区野生动物唯一的水源太近了。我们在那里与其他人会合。

随后，图拉嘎特、朝巴和我探索了这片绿洲。我们发现几个小池子，水清澈、冰凉，还有点咸。在一个池子附近有一个很大的金属自动分食器，给牲畜提供颗粒饲料。不过这是为戈壁熊准备的，公园里散布着十几个这样的分食器。看着戈壁严酷的地貌，我能清楚想象出，熊会从补充食物中受益，尤其是眼下的干旱时期。熊显然喜欢这些牲畜饲料，因为现场到处都是糊状的熊粪。我警觉地环顾四周。会不会有熊躲在芦苇丛中？据说戈壁熊体形相当小，成年个体也只有 57—136 公斤。但是，即便体重这么轻，一只惊慌失措、心怀不满的熊……人们必须按照动物的规矩与之互动，而我还不了解这些熊。

我们在泥地里发现了狼的爪印和野骆驼的足垫印。我测量了后者，它有 20 厘米长。这条数据微不足道，不过可以据此建立当地生态学的框架。我们在绿洲周围观察到的东西很有趣，但更大的乐趣来自想象：骆驼、熊以及其他动物依赖生命之水，它们聚集到这里，似乎在朝拜神圣之所。正如诗人威廉·布莱克（William Blake）在《天堂与地狱的联姻》（*The Marriage of Heaven and Hell*，1773 年）中写道："一切生灵皆神圣，生命以生命为乐。"（For everything that lives is holy, life delights in life.）

图拉嘎特建议我们躲到俯瞰绿洲的山脊上。盘羊有时会来这里喝水。它是体形最大的羊属动物，雄性个体的角巨大而卷曲。盘羊比生活在北美的敦实的野羊要苗条一些，后者生活在悬崖附近，遇到危险时逃向悬崖，因此四肢敏捷而修长。躲避天敌时，盘羊一般逃向开阔的地带。我曾在青藏高原观察盘羊，一般认为那里的盘羊是独立的亚种，不过现在很罕见了。我们等待了一个小时后，一只雌性盘羊出现了，身后跟着一只大的幼崽。它们有着灰褐色的毛发、白色的臀部和白色的嘴角。旋风显然把我们的气味吹了过去，因为它们没有在水池边喝水就转身离开了。又等了一会儿，我们决定再向西开一段，只开一辆吉普车去检查另一个小绿洲。司机恩赫巴特（Enkhbat）和许多蒙古人一样，以骑马的方式驾驶车辆：全速前进。我要求他放慢速度。急速行驶让凯和我腰酸背疼。两只野骆驼在我们前面惊叫。这是我第一次见到野骆驼。我们的蒙古同事想去追赶，我坚决拒绝了。为什么要无谓惊吓动物？给它们一点温情的关怀，对它们艰苦的生活表示一些同情。这两头骆驼原本一直向绿洲走来，而绿洲只有泥泞的渗水。现在它们掉头逃往沙漠，很快消失在热雾中。

我读到过，骆驼可以一周不喝水，然后一次喝几加仑。在返回营地的路上，我们发现一头孤独的蒙古野驴，从远处看像沙子一样灰白。

我意识到，要在这里持续地、亲密地观察野生动物，肯定需要毅力，而且要靠运气。

第二天，8 月 25 日，我们下一个目标是东边的查干布日嘎斯宝力格（Tsagaan Burgas Bulak）绿洲。图拉嘎特突然一边说“哈夫图盖”（野骆驼），一边指向前方。远处平原上，八头骆驼排着整齐的队伍行走，呈现一种力量和优雅的形象。它们还没有看到我们，正朝着低矮山脊外的绿洲走去。图拉嘎特表示，我们应该在这里等一会儿。我们在车里坐了两个小时，然后默不出声，步行前往。凯更愿意留在原地等我们回来。我们走过迷宫般的峡谷，越过低矮的山脊，走到一个可以看到绿洲的山顶。时间是下午 2 点。骆驼就在那里，七头躺着，一头站着。它们面朝四面八方，似乎在警惕任何危险。风的方向不对，掩盖不了我们的气味，但风向突然转变，对我们有利。图拉嘎特示意我过去，我们两人悄悄来到另一个距离骆驼更近的山丘上。我被迷住了，心中充满喜悦。我终于可以看到不受干扰的野骆驼如何在沙漠生活。这就是我的目的：不仅仅是食性和驼群大小的信息，还有它们生活的私密细节。即便如此，我认识到，我可以观察它们的行为，但还不能真正理解它们。我甚至很难理解另一个人，包括结婚三十多年的凯。

下午 4 点，骆驼变得不安分。一头母骆驼侧身翻滚数次，洗起了尘浴。两头骆驼先用后腿站起来，然后用前腿往上一冲。这两个家伙很有默契地摩擦臀部。我想知道它们是否发痒。它们还在褪掉最后的冬毛。然后，仿佛出现一个信号，一个我未能察觉的信号，所有骆驼埋头穿过柳树丛和高大的芦苇，向 200 米开外的水面走去。我和图拉嘎特穿过山谷，躲在水坑附近。大多数骆驼都看不见了。我听到它们的叫声和咕噜声，其中一头像大象一样鸣叫。它们又出现了，啃食芦苇和柳树丛的叶子。野骆驼回到水边，然后分散开来继续觅食，其中一头伸嘴去够三叶杨的树叶。晚 8 点，经过六个小时的观察，黄昏的光线在褶皱的山丘上变得圆润，我们悄悄离开。凯一直耐心等待我们归来。稍后检查水坑时，我们发现一个浅水池，小到可以跨过，带有硫黄的气味。附近有五坨戈壁熊的粪便，里面全是绿洲周围白刺属灌木的紫色浆果。

又是一天，又是一片绿洲。这一天是凯和我结婚 32 年的纪念日。我注意到车上有一支步枪，问其用途。朝巴答说是用来打狼的。狼在蒙古不受任何保护，可以随意捕杀。我再次断然拒绝用枪。我不想与任何杀戮行为发生关联。我们应该尊重其他物种的生命，尤其是在国家公园里。朝巴向我解释过，公园里的狼太多了，杀了太多的小骆驼。为拯救骆驼，需要控制狼的数量。1987 年共有 37 只狼遭到射杀，1988 年有 38 只。今年到目前为止，已有 29 只狼被杀，其中 8 只成年狼，

21 只幼狼，最后一只是从狼窝里抓走的幼崽。朝巴说回去后给我看研究数据，到时候我就可以拿定主意了。我厌恶地记得，20 世纪 50 年代初在阿拉斯加大学读书时，阿拉斯加鱼类和野生动物署在阿拉斯加北部无节制、无理由地屠杀狼。20 世纪 80 年代，蒙古的灭狼运动捕杀超过 3 万只狼。政府的一份声明宣称，狼是“蓄意杀死家畜的敌人”。蒙古有句谚语：“没有运气的人遇不到狼；有运气的人可以遇到狼；比狼更有运气的人可以射杀它。”在这次调查之后的几年里，20 世纪 90 年代期间，戈壁上的猎狼活动几乎停止，因为经济崩溃后，公园管理员没办法给摩托车加油。

现在，我们开车进入一座岩石山脉的峡谷，然后继续步行。在一处悬崖的底部，有一个雪豹留下的刨坑。这只动物用后爪在沙地上耙了一下，留下存在的痕迹。雪豹！我知道这里应该有雪豹，但我仍然感到惊愕。毕竟，我习惯在喜马拉雅和其他山脉 3000 米以上的高寒地带寻找它们的踪迹，而不是在炙热的沙漠中。戈壁正教导我动物的适应能力。然后我发现一团柔软的新鲜熊粪。我把手指探入其中，判断粪便的温度，确定我们是否会在下一个弯道遇到熊。粪便很凉，是昨天晚上排的。在一座低矮山脊的另一侧，有一个牲畜饲料的分食器。我们在那附近等了两个小时，希望能看到熊。只有一群咯咯叫的石鸡在旁边徘徊。我们今天几乎没有看到野生动物。返回营地后，凯告诉我们，有三只盘羊下来喝水，其中一只是大块头的公羊。我们晚上 10 点才吃饭，与往常一样的斯巴达式晚餐：一碗羊肉汤和馍馍。队员阿玛尔吉日嘎拉（Amarzhargal）明显退缩了，不像其他人那样享受野外工作。也许他是奉命参加考察，目的是监督我们。他有一次平淡地表示："我对保护工作不感兴趣。"他曾在乌克兰敖德萨的一所大学里主修西班牙文学。

我们再次前进，向西走到博克图查干德日苏（Bogt Tsagaan Ders）绿洲。它是一小块绿色的冲积平原，靠近向北延伸至崎岖的阿塔斯博格德山脉（Atas Bogt Range）的一连串山丘。我们小心翼翼地走到俯瞰绿洲的山冈上。十六头骆驼挤在绿洲的边缘，既不吃草也不喝水，只是站着或躺着。这些骆驼中没有小骆驼。那里还有四头蒙古野驴，三头在吃草，一头在洗尘土浴。随后它们离开了。突然间，骆驼也紧紧地围成一圈逃开了。我猜它们可能闻到了我们的气味。但这时两只狼号叫着从山脊顶上小跑着进入视野。骆驼排成一队，穿过平原。过了一会儿，我们检查了水坑：有几个渗水点，水深都不超过 2.5—5 厘米。

第二天，又发现两群骆驼接近绿洲，一群九头，一群十二头，可能是我们之前看到过的。狂风大作，两群骆驼突然停了下来，仿佛撞到了一堵墙。它们聚集在一起，磨磨蹭蹭地走了，这让我感到惊愕。我感到很羞愧，因为我们阻碍了它们喝水，迫使它们长途跋涉寻找其他水源。它们无疑经常遇到人和车辆，也表现得很怕人。对我来说，这只说明了一件事：它们曾遭到猎杀。

往南约 11 公里是另一个小绿洲，位于一条干涸河床附近的山脚下。图拉嘎特、朝巴和我再一次偷偷靠近。两头雄性蒙古野驴站在山顶上宣示自我，向周遭其他野驴炫耀自己毛光水滑的身体的力量。但天气很热，它们低头站着。有一头看到我在拍照，不情愿地离开了。更远的地方还有三头。我推测蒙古野驴是有领地的，雄性野驴保卫一块草皮，等待游荡的雌性到来。蒙古野驴有着浅棕褐色和白色的毛皮，黑色的短鬃毛，沿着背脊有一条黑线，长长的尾巴形成黑色流苏，很是英俊。但它们往往能很好地融入风景，以至于雄性需要站到山顶上，才能让自己变得显眼。

十头野骆驼在绿洲高大的芦苇和柽柳丛里，四头在水边。它们只喝了一会水，好像水很少。喝完水后，一头野骆驼上下摇晃脑袋，翻动嘴唇，从口中喷出水来。然后它们就争斗起来。一头野骆驼把头和脖子向后仰，张开嘴咆哮和叫喊。它的尾巴会像鳗鱼一样，来回跳动。野骆驼头小脖子长，看起来像是爬行动物，某种恐龙的后继者。在戈壁一些地方，古老的恐龙遗骸随处可见。现在，大约有十几头蒙古野驴到来，一些野驴移动到水边野骆驼的 30 米至 45 米范围内。但野骆驼的占有欲很强。如果有一头蒙古野驴挤到附近，野骆驼就会走过去，嘴角高高翘起，高高在上，威胁对方，直到

戈壁沙漠一个水坑边的野生双峰驼和蒙古野驴

对方退去。当野骆驼离开水坑时，野驴就开始行动了。然而，有一头母骆驼一直在等待，它沉着冷静，只是朝野驴走去，就把野驴赶了回来。

一只雌性盘羊突然出现在绿洲，与骆驼和野驴混在一起。当一头蒙古野驴靠近时，它就躲到一边。

三种罕见的野生动物聚集在这片绿洲上，这简直是来自戈壁的特殊礼物，揭示了这片土地的精神。野骆驼们散开了。一头种公野驴发出喘息的叫声，抬起嘴，翘起尾巴，追赶其他野驴。下午 5 点 40 分，所有动物都离开了。经过六个小时的观察，我们也离开了。

接下来两天，我们继续检查绿洲。有一天晚上下起了大雨。大雨为所有沙漠生物提供了新的生命之源。现在，野生动物不需要再去水坑了。我们又看到几只鹅喉羚，测量了一个很旧的盘羊头骨。看角上的环，应该是一只六岁半的公羊。9 月 3 日，我们返回巴彦托欧若，行车里程共计 837 公里。

我们在巴彦托欧若停留了一天，分享和审查我们的数据，特别是野骆驼的数据。我们的统计结果是 106 头野骆驼，有几头可能重复计数了。一头年轻的骆驼都没有。零。如果有小骆驼的话，现在应该五个月大了。图拉嘎特在公园里的逐年普查中看到，从 1982 年到 1988 年，七年间小骆驼平均只占种群数量的 4.8%，从 2.5% 到 9.3% 不等。我后来发现，1989 年的数字是 3.1%。（1997 年是 4.2%，1998 年是 5.5%，1999 年是 7.3%，这是我后来知道的数字。）比较出生季节后的计数和当年晚些时候的计数，可以看到小骆驼的数量在下降。例如，在 1987 年，4 月有 13.8% 的小骆驼，10 月只有 2.5%。小骆驼发生了什么？ 20 世纪 80 年代后五年，共发现过 89 具骆驼尸体，有 54 头（61%）显然是被狼杀死的，其中大部分是年轻个体，还有两头是被雪豹杀死的。然而，捕食者是真的杀死野骆驼，还是食用死亡个体的腐肉，有时并不能断定。

发情期雄性间的争斗偶尔也会造成死亡。发情期从 11 月开始，八岁至十岁或更大的成年雄性试图聚拢十几头雌性，组成自己的后宫，然后极力保护这些雌性免受其他雄性的侵扰。一头雄性骆驼用尾巴弹尿，用位于后脑勺的麝香腺摩擦驼峰，磨牙，以此恐吓对手。但如果这些不起作用，它可能会用大犬齿咬伤对方。正如斯文·赫定（Sven Hedin）在《中亚和西藏》（*Central Asia and Tibet*, 1903 年）中观察到的那样："它们用牙齿把对手咬得很惨，而且经常撕下对手大块的肉。"偷猎者有时会为了吃肉而杀死野骆驼。我被告知，离开公园并越过边界进入中国的野骆驼，特别容易受到偷猎者的攻击。

狼显然严重影响野骆驼的数量。由于绿洲很少且分布广泛，狼只能在水源处等待。野生动物迟早会出现，尤其是在干旱的年份，就像现在这样。我们观察到一个这样的例子。有趣的是，骆驼母亲显然不会保护自己的孩子免受狼的侵害，但据说野驴母亲会这样做。也许这就是野驴种群有 11.5% 的小野驴的原因。1992 年，图拉嘎特和我在《生物保护》杂志上联合发表的一篇科学论文《野生双峰驼的现状和分布》指出："1987—1989 年检查的五个狼胃中都含有野骆驼幼崽的残骸。"

一个仍然没有答案的问题，与可能无法生育的成年雌性的比例有关。我们在绿洲中观察到的野骆驼，有一些身体状况很差：瘦弱，皮毛松弛，肋骨清晰可见。在这个季节，草料稀少、干燥，营养缺乏，特别是目前长期干旱的情况下。绿洲数量在减少。野骆驼必须在高温下长途跋涉才能到达绿洲。在如此恶劣的条件下，雌性野骆驼可能根本无法受孕，或者容易流产，这是导致幼驼比例低的另一个因素。

连续多年低得可怜的幼崽存活率，将不可避免地导致野骆驼数量减少。年底平均有 10% 左右的幼驼，野骆驼种群才能维持，而目前只有 5%。从图拉嘎特那儿收到这些数据后，我倾向于同意公园当局的意见，即为了维持公园里极度濒危的野骆驼，偶尔控制狼是可取的。然而，这个结论对我来说是道德和伦理上的平衡。我非常不喜欢杀狼的想法，怀疑目前是否有足够的可靠信息来说明狼对野骆驼种群的长期影响，从而证明狩猎的合理性。不过，野骆驼的生存是当务之急。狼和野骆驼之间的生态平衡点在哪里？ 1985 年至 1988 年，我对新疆地区开展过广泛调查，注意到中国仍有几个零散的野骆驼小种群。其中一个种群生活在塔克拉玛干沙漠的塔里木河沿岸。其他种群的活动区域，从青藏高原的北部边缘阿尔金山，一直向北延伸至噶顺戈壁大沙漠，后者的核心就是干燥的罗布泊湖床。1877 年，尼古拉·普热瓦尔斯基首次在罗布泊记录到野骆驼。1879 年，他在《从库尔勒出发，穿越天山到罗布泊》(*From Kulja, Across the Tian Shan to Lob-Nor*) 一书中描述道：

二十年前，罗布泊附近有很多野骆驼，包括查嘎里克村现在的位置，沿阿尔金山北麓向东，以及山脉本身。我们的向导，一位查嘎里克猎人告诉我们，在那些日子里，看到几十甚至一百头野骆驼聚在一起是很平常的。随着查嘎里克人口的增加，罗布泊的猎人越来越多，而野骆驼越来越少。可能许多年里一头野骆驼也看不见；在年景较好的季节，当地猎人在夏、秋两季杀死了五六头。

普热瓦尔斯基的探险，以及后来斯文·赫定和其他人的探险，进一步减少了野骆驼的数量，因为他们射杀野骆驼并以此为食。

值得注意的是，大约两千年前，北非最后一头野生单峰驼就灭绝了，不过仍然有家骆驼。双峰驼最早可能是五六千年前在中国西北被驯化的。到公元11世纪，已经有古代文献详细描述双峰驼的饲养方法，其中一篇甚至列出了四十八种骆驼的疾病。

我有兴趣快速调查戈壁B区，也就是A区以西的严格保护区，尽管那里没有野骆驼和戈壁熊。六十二岁的公园主任朝伦陪同我们前往。在路上，他告诉我们，他是在这个地区长大的。五十年前，这里还能找到蒙原羚和普氏野马（尼古拉·普热瓦尔斯基于1878年首次描述），但这两种动物都被杀光了，普氏野马更是在全国范围内灭绝了。但野马的故事有一个好结局。普氏野马头大、粗壮，浑身灰褐，直立的鬃毛呈黑色，尾巴上的毛很长。蒙古人称它为 *takhi*，“精灵”或“值得崇拜”。听说这种独特的野马，弗里德里希·法尔兹－费因（Friedrich Falz-Fein）于1899年捕捉了一些，进口到他在乌克兰的庄园，在那里它们茁壮成长。许多动物园和机构随后饲养了这种罕见的野马，圈养种群达到一千多匹。在我们的调查之后，瑞士生物学家克劳迪娅·费（Claudia Feh）在20世纪90年代发起将野马送回家乡的重大行动。1992年5月，十四匹野马被从荷兰带到乌兰巴托附近的特别保护区呼斯台·诺鲁（Khustai Nuruu）。那一年我到那里见到了它们。

在那里，野马的繁殖情况良好。1998年，呼斯台·诺鲁保护区被提升为国家公园。现在中国和哈萨克斯坦也有自由生活的野马群。但现在，当我们向西走向戈壁B区时，朝伦满意地指出，野马很快就会被重新引入这里的老家。2003年，这确实发生了。我们在严格保护区戈壁B区内行驶了三天，检查绿洲，在沙漠里扫视野生动物可能藏身的稀疏灌木。我们统计到147只鹅喉羚和107头蒙古野驴。让我吃惊的是，这些动物发现车辆时非常惊恐。有人悄悄告诉我，前一年政府为了吃肉，射杀了约400头野驴。我开始怀疑，蒙古国将它的野生珍宝仅仅看作自然资源，无论在什么地方都可以掠夺，连严格保护区也不能幸免。

我准备好离开了。我想的是未来，也许是研究雪豹、戈壁熊和蒙原羚。有人特别向我提到，这些物种是自然和环境部感兴趣的。我想建立这些项目，但不是在这里待上几年，详细研究每个物种。那将是蒙古国生物学家的责任。我在这里能找到专注的野外工作人员吗？我也在想，当苏联人撤出这个国家时，“开放”政策会产生什么影响？这个国家会不会变得更加不稳定？蒙古人在历史上有不稳定的声誉。现在出现了食品和汽油短缺。我是否能够进行研究？

离开公园后，我们穿过一座岩石山脉，下到一片平原，即沙金戈壁（Shargyn Gobi）。几只赛加羚羊以特有的姿势逃离车辆附近。它们低着脑袋和脖子，看起来像四处乱窜的黄褐色啮齿动物。据朝巴说，这个地区大约有700只赛加羚羊。乔尔·伯格（Joel Berger）和他的团队对几只赛加羚羊开展过无线电项圈研究。他在《极端保护》（*Extreme Conservation*）一书中写到，赛加羚羊的活动范围高达14662平方公里。

我们在一场冰雹中回到阿尔泰省城。在那里，我们采访了戈壁阿尔泰省执行委员会的副主席阿格雅加布（Agyajav）先生。我们向他报告了野生动物的信息和对它们的印象，他告知我们该省有用的统计数据。戈壁阿尔泰省面积约143590平方公里，人口6万，一半人口为16岁及以下；大约有200万头牲畜，三分之二是绵羊。

回到乌兰巴托后，我们讨论了今年晚些时候会回来开展初步的雪豹调查。我担心雪豹的保护问题。蒙古雪豹的数量仅次于中国，比其他所有雪豹分布国都多。1987年，蒙古向外国人开放雪豹战利品狩猎。狩猎公司克莱恩伯格兄弟（Kleinburger Brothers）开价一万美元安排狩猎。每开具一份许可证，蒙古政府收取一万四千美元。国际舆论反对这种针对稀有物种的商业行为，促使蒙古政府取消该项目。不过在项目取消前，已经有五只雪豹遭到射杀。战利品狩猎的一个理由是雪豹杀死了过多的牲畜。但事实证明，县级政府官员大大夸大了受损的数字，以便从政府获得更多补偿。然而，在这一年 7 月，蒙古新闻社的一份公告指出，奥地利猎人凯恩德尔（Keindel）带着两条狗在戈壁沙漠中杀死了一只雪豹。"每年都有成千上万的外国游客来到蒙古，观赏美丽的戈壁并进行狩猎，"公报指出，"一张令人惊叹的毛皮和追逐的兴奋，成为对所有努力和支出的极好补偿。"当地媒体显然还没有吸收保护的概念。

包括美国在内的许多国家，禁止进口某些濒危物种，包括从其他国家合法获得的狩猎战利品。在 20 世纪 80 年代末，至少有一张来自蒙古的雪豹皮被偷运到美国。鱼类和野生动物管理署的执法部门以惊人的毅力追查此事，直到 1994 年抓获罪犯，处以一万美元罚款。有一段时间，蒙古国禁止这种战利品狩猎。2000 年，修订后的狩猎法禁止出售或购买雪豹或其任何部位。然而，2011 年，蒙古试图再次开放雪豹战利品狩猎。这一次，搬出来的理由是"出于科学目的"。国际社会再一次强烈抗议，蒙古政府在三周内撤销了这个决定。

我从来没有在蒙原羚的栖息地见过它们。在决定今后是否研究该物种之前，凯和我想去它们的栖息地看看。它们的栖息地叫莫嫩金（menengjin，和中国接壤），是一望无际的东部大草原。1989 年 9 月 15 日，次仁德勒格、朝巴、凯和我飞往位于草原边缘的东方省乔巴山市。它是蒙古第四大城市，人口约四万。这座城市以霍尔洛·乔巴山命名，他是人民革命党的领导人，从 20 世纪 20 年代末到他 1952 年去世。

怀着对约瑟夫·斯大林和苏联坚定不移的忠诚，乔巴山无情鼓励“左派社会主义改革”，决心清算所有“外国干涉势力和内部阶级敌人”以及所有“资产阶级分子”。

在 20 世纪 20 年代，蒙古佛教寺院的年收入几乎与政府一样多。许多寺院拥有大量土地，实力雄厚，得到公众的广泛支持；传统上，每个家庭要把一个儿子交给寺院。因此，全国大约 35% 的成年男性人口生活在寺院里。作为保守力量，僧侣反对执政党的计划，抵制变革。如何从寺院中分流经济和政治控制权，而不是简单地处理？

贾斯帕·贝克尔在《失落的国家》中指出，在乔巴山执政期间，“大约有 10 万人遭到处决”，许多人死于“20 世纪 30 年代末的大清洗中”。欧文·拉铁摩尔（Owen Lattimore）在《游牧民与政委》（1962 年）中写到，这种清洗影响了社会的方方面面。“继 1929 年没收 669 个贵族家庭的财产后，1930—1931 年又有 837 个家庭的财产被充公，其中包括 205

名高级宗教人士的财产。而这一次，不祥的是，711 名户主被处以死刑或监禁，罪名是反对国家权力。”蒙古效仿了斯大林 1937 年和 1938 年的严厉措施。今天，在这个国家，人们非常不情愿讨论和书写最近这段历史，这段道德沦丧的悲痛往事。

乔巴山市保留了其名字。

这段岁月几乎摧毁了这个国家几个世纪以来形成的文化和环境凝聚力，以及道德价值观。皮特·格尔梅拉德（Pieter Germeraad）和赞丹金·恩比希（Zandangin Enebisch）在《蒙古景观传统》（*The Mongolian Landscape Tradition*）中写道：“可以认为，封建贵族和喇嘛教神职人员是传统土地使用和环境保护政策的主要参与者，因为他们发布和控制着土地的使用权。蒙古国的封建游牧社区存在关于正确使用土地的统一知识，例如通过宗教手稿和口头传播的故事和传说。社会行为在社区内形成统一的社会关系，以及个人对彼此及周围环境的义务。这在环境保护方面发挥了重要作用。”

使得内部动荡不安的蒙古雪上加霜的是，1937 年 7 月日本入侵中国东北，1938 年占领内蒙古的部分地区，威胁吞并蒙古。日本与苏蒙军队之间爆发过几次重大战役，直到 1945 年第二次世界大战结束。

乔巴山死后，尤睦佳·泽登巴尔（Yumjaagiin Tsendenbal）继续集权统治 44 年，直到 1984 年遭到免职，当时他在苏联的时间比在蒙古国内处理政务的时间还多。经济停滞不前，偶尔发生暴乱。乔巴山曾发起将所有财产收归集体的运动。与此相反，泽登巴尔想“消灭财产的概念”。1947年，几乎所有牲畜都还在私人手中。但到1959年，所有牧民被迫组成合作社，即尼格都勒。这些合作社非常不受欢迎。许多地主宰杀牲畜，放弃牧区生活，搬进城镇。为了安抚合作社，政府允许每个家庭拥有数量有限的牲畜，数量多少取决于家庭成员的数量。例如，一个六口之家可拥有42只绵羊或60只山羊或6头牛。

如今，在1989年，经历几十年的动荡之后，我希望蒙古能够迅速走上复苏之路。当然，我对这个国家和我的同事如此好客地接待我这个来自美国的博物学家深表感谢。这里的每个人都仿佛仍继续生活在不远的过去中，有其约束性法律，有清洗，还有佛教模糊的精神影响。当我偶尔出于好奇询问历史问题时，人们往往不是回避，就是重新组织真相，而任何问题都被归咎于苏联人。当然也有很多积极的方面值得强调：在教育方面，六岁至十四岁儿童必须接受义务教育，识字率达到96%；医疗保健免费；交通得到改善。这个国家的好运，来自于在迈向某些东西的同时远离某些东西。

我们抵达乔巴山时，来自当地保护协会和狩猎组织的N. 甘巴特尔（N. Ganbaatar）已经在迎接我们。他粗犷而精力充沛，向我们讲述了他为*dzeren*，也就是蒙原羚做的工作。他估计，草原上至少有30万只蒙原羚。这是亚洲当今最大的有蹄类动物聚群。然而，每年11月底和12月，政府都会派出小队，射杀数千只蒙原羚。在20世纪80年代，共射杀超过20万只。冰冻的尸体出口到瑞典、荷兰、南斯拉夫、德国和其他喜欢食用野生动物的国家。

甘巴特尔带领我们进行了为期四天的草原之旅。在乔巴山以西的低矮山丘中，源于棕褐色的草原田鼠的鼠疫正在流行。经常可见几十只田鼠在路上来回窜动。在丰富的啮齿动物的吸引下，许多大鵟聚集在一起，几乎每根电线杆上都有一只。偶尔有一只草原雕在头顶盘旋。一只沙狐在我们前面的小路上跑来跑去。沙狐是灰色和棕褐色的，尾巴上长着白色的毛。地形变得更加平坦，大平原一望无际。我们只看到草地和更多的草地，直到地平线。俄国诗人亚历山大·普希金说过："奇妙的广袤让眼睛感到愉悦。"一群蒙原羚飞奔，距离太远，我无法计数，估计有350只。行驶130公里后，我们看到了第一个蒙古包和一些牲畜。再往前走，经过近320公里的颠簸，我们到达一个旅游营地。营地由几个蒙古包组成，位于中国边境的贝尔湖（Buyr Nuur）湖畔。今天的路线有一部分靠近由刺丝铁网标定的边境线。

第二天，低沉的乌云笼罩着草原，粗粝的风吹动草原。我沿着湖岸走了走，记录到一只凤头麦鸡和一只白色的猎隼。鼠兔与仓鼠类似，通常非常显眼，数量丰富。不过在这样的天气里，连鼠兔都不会离开舒适的洞穴。凯和我端着热茶，钻进我们的蒙古包。

继续向马塔德县城前进，我们遇到大约 1000 只散布在草原上的蒙原羚。我拿起望远镜，融进一片草丛中，观察排成长队的蒙原羚群，试图区分每只动物的性别和年龄。结果是：42 只成年雄性，13 只刚过一岁的雄性，157 只雌性，68 只幼崽，共计 280 只。看着这些可爱的蒙原羚，纯粹是一种享受。它们穿着闪亮的黄褐色外套，臀部有白色的心形斑纹。雄性蒙原羚的角短而弯曲，凹凸不平，长约 30 厘米，双角向外张开，而角尖略向内弯。成年雄性的喉咙明显增大，几乎像甲状腺肿，位于脖子下部。是的，我肯定要回来，了解更多这些原羚的生活。1929 年，罗伊·查普曼·安德鲁斯在《地球尽头》(*Ends of the Earth*) 中写道："再也不会有蒙古给我的这种感觉了。大片暗褐色砾石汇成模糊的地平线，成吉思汗凶猛的骑士走过的古老小路，所有这些都让我激动不已。"一望无际的草原，对过去的短暂一瞥，在我心中唤起了类似的反应。

第二天，完成 933 公里的简单调查，我们返回乔巴山，准备返回乌兰巴托。结果在乔巴山的登机过程随意而无序。没人检票。我们得把自己的装备装进行李舱。人们登上飞机，向家人和朋友告别，然后离去。一位老妇人端着一碗牛奶站在飞机旁，用勺子将牛奶洒向飞机，祝愿我们的旅程好运。

我在 1989 年到访蒙古时，这个国家刚刚从几十年的历史动荡中走出来。在一个语言不通的陌生国家建立项目首先采取哪些步骤，这就是上述记录的目的。我必须联系所有相关的机构，寻求他们的帮助，包括美国大使馆。我必须了解哪些行动是可行的，会见官员、潜在的同事和当地人。这些都要考虑到该国的历史背景、科学需求和保护计划。我必须弄清楚如何最好地帮助这个国家。人们和我需要学习了解对方，建立一定的信任。这需要开会，需要亲自参与实地考察，需要分享信息，需要捐赠所需的设备。不可避免，这也意味着不确定性和浪费的时日。但最终也会达成双方的满意。

在第一次访问中，离开蒙古之前，登布日勒道尔吉和次仁德勒格带着凯和我做了一次特别的郊游。毗邻乌兰巴托，有一座长满白桦树和落叶松的山脉。正值秋天，树叶金黄。这就是神圣的博格达汗山（Bogd Khan Uul），全球最古老的野生动物保护区之一，建立于1758年。僧人曾在这里巡逻，保护圣山。20世纪20年代末，几个俄国人潜入神圣的保护区，杀死了一头熊。愤怒的僧侣抓住这些俄国人，用铁链将他们锁起来。博格达汗山以及乌兰巴托的守护神是汗格里德（Khangarid）。这位神灵类似印度神话中的大鹏金翅鸟，是勇气和诚实的象征。

我们对这个保护区饶有兴趣。博格达汗山是马鹿（蒙语马拉尔，*maral*）的家园。我们很快就在山谷中看到了61头马鹿，大部分是母鹿和小鹿，但也有一头大角的公鹿。山谷上空乌云密布，马鹿的白色臀部在阴郁的光线下闪闪发光。附近还有一群马路，大约30头，同样有一头大公鹿。它跟在一头母鹿后面，嗅闻她的臀部；母鹿撒尿，它也嗅着，试探母鹿是否发情。公鹿抬起口鼻，号叫起来，声音铿锵有力，令人神往。发情期已经开始。

在这次访问中，我们观察了各种动物及其栖息地，现在必须决定下一步行动。我们签署了一项协议，继续就雪豹、戈壁熊和蒙原羚开展合作。放弃将野骆驼作为研究重点，我感到有些内疚，特别是它们为我提供了令人愉悦的观察结果。但是，我会回到它们的戈壁栖息地，继续关注它们，看看蒙古国自然和环境部是否采纳我的建议。这些建议包括：使用标准化技术准确统计种群数量，对野骆驼进行详细的长期监测，确定幼崽的出生率和存活率、死亡原因以及影响种群的其他因素；应禁止家畜进入公园，特别是在干旱时期，因为此时野骆驼和家骆驼对稀缺草料的竞争更加激烈，草料对双方都不够用；必须严格执行法律法规，制止偷猎、采矿和其他非法活动；应禁止任何人在绿洲一定距离内扎营，以免阻碍野生动物靠近水源；随着绿洲的干涸，如果可能的话应开辟新的水源；野骆驼和其他野生动物从公园越过边界进入中国，两国的紧密合作必不可少；需要对草场的生态以及各种物种，包括狼、戈壁熊、蒙古野驴和鹅喉羚，开展为期一年的详细研究；教育当地社区居民，引导他们直接参与公园的保护，这至关重要，应该做出重大努力来改善社区生计，旅游业可以帮助促进此事；最后，应禁止野骆驼和家骆驼有意无意的杂交，如果发生这种情况，应予以惩罚。

飞往北京的航班上只有十几名乘客，其中一名是矮胖的美国中年猎人。他在过道上向凯和我夸耀，他花了三万美元在阿尔泰山射杀了一只盘羊。“纪录中个头最大的。”他说。他到达野外，第一天就射中盘羊，然后立即离开，兴冲冲地赶回芝加哥。他到底去了哪里？他也不知道。我从蒙古带走了一笔更大的财富，那就是我的笔记、记忆和感受。

自 1989 年第一次与野骆驼相遇以来，30 年过去了。我通过跟蒙古和西方同事的私人联系以及阅读文献，寻找有关野骆驼的消息。《野生双峰驼的生态与保护》(*Ecology and Conservation of Wild Bactrian Camels*，*Camelus bactrianusferus*) 一书特别有用。这本书的编者是理查德·雷丁（Richard Reading）、都勒玛策仁·恩和毕力格（Dulamtserengiin Enkhbileg）和图布敦道尔吉·嘎拉巴特尔（Tuvdendorjiin Galbaatar），由蒙古保护联盟于 2002 年出版。从这份报告中，我非常满意地看到，许多蒙古人、中国人以及一些西方人投入时间精力，收集有助于野骆驼保护和管理的信息。主要目标之一是统计野骆驼的数量。在戈壁 A 区，通常是开车沿着样线行驶，记录一定距离内的所有野骆驼。基于统计和基于直觉的结果，往往近似。在大约 33200 平方公里的野骆驼分布区中，20 世纪 70 和 80 年代有 400 头到 800 头野骆驼。最近几年，野骆驼数量为，从 300 头到 500 头不等，多数统计在 400 头到 500 头。空中调查的结果是个例外。1999 年，理查德·雷丁及其同事在《羚羊》（*Oryx*）上发表了调查结果。根据统计模型，得出 1985 头（正负 802 头）野骆驼的惊人数字。然而，他们只看到了 27 群野骆驼。可能是样本太少，无法使用如此详细的统计方法。作者承认，“应该谨慎看待”这些结果。迄今为止，关于野骆驼的种群数量和变化趋势，还没有完全可靠的信息。

在 20 世纪 90 年代，对中国三个主要野骆驼分布区（塔克拉玛干、噶顺戈壁和阿尔金山）的调查表明，似乎有 400 头至 500 头野骆驼。目前，这些野骆驼在保护区内得到法律保护。阿尔金山自然保护区成立于 1986 年，面积约 15000 平方公里。2000 年，新疆环保厅建立罗布泊野骆驼自然保护区，纳入了阿尔金山保护区，可参见约翰·哈雷《戈壁幽灵》（*Ghost of the Gobi*）和《鞑靼失落的骆驼》（*The Lost Camels of Tartary*）。罗布泊保护区面积达到了约 77800 平方公里。然而，受到保护和管理的面积大约为 160000 平方公里，因为保护区包括罗布泊附近的核试验区。2003 年，这个巨大的保护区晋升为国家级。在毗邻新疆的甘肃省，还有面积约 3900 平方公里的安南坝保护区。中国采取了极好的举措，为活动范围巨大的野骆驼保护几乎整个景观。

罗布泊地区曾经水草丰美，有一个大湖和沼泽地。20 世纪 70 年代，中国在从西边流入罗布泊的塔里木河上筑坝，截留河水用于农业，于是湖水干涸了。20 世纪 90 年代中期，环保主义者约翰·哈雷到访罗布泊。他写道：“罗布泊北端有三个水源，在 20 世纪 80 年代初还被称为骆驼水塘，现在已经干涸。”

中国还需要建立一个保护区。蒙古国戈壁 A 区的野骆驼会向南游荡到中国甘肃省。在甘肃大草滩泉水区（Dacaotan Springs），野骆驼不仅遇到偷猎者，还遇到许多采金人，后者用氰化钾污染了土地。一些野骆驼从甘肃游荡到邻近的新疆和内蒙古，主要是在冬季。大草滩泉水区至少应该建立一个严格的保护区，为跨境的野骆驼和戈壁熊提供保护。

众所周知，戈壁 A 区的野骆驼在公园内游荡得很厉害。秋末，初雪过后，它们会向南移动到阿塔斯博格达（Atas Bogd）地区，在那里吃雪或喝水，补充水分。仲冬时节，发情的公骆驼和它们的后宫转移到公园的中心。然而，在理查德·雷丁及其同事于 2002 年为一头雌性野骆驼佩戴卫星项圈之前，没人能想象野骆驼实际上会游荡多远。随后几个月里，这头野骆驼的家域面积高达 17232 平方公里。仅凭这个数字，就能说明野骆驼在恶劣的栖息地中生存所需的空间。如果必须与牲畜争夺稀缺的草料和水源，它们就无法繁衍生息。在戈壁公园的部分地区就是如此。此外，该地区的生长季每年仅有 60 天至 120 天。其余时间，植被稀少、干燥、粗糙，营养成分低。与牲畜争夺这些草料，很可能使许多野骆驼丧命。

我们曾在野外调查中看到一些野骆驼瘦骨嶙峋，皮包骨头。

在《野生双峰驼的生态与保护》中，雷丁恰如其分地指出："我们对野生双峰驼了解甚少。对该物种的了解有限，仅来自简单的研究、调查和道听途说……这些数据表明，野骆驼数量不多，而且还在不断减少，野骆驼的出生率很低。"据我所知，近几年来情况并无改善。那么，如今到底有多少头野骆驼？结合上面提到的中、蒙两国的估计，我推测总数不到一千头。

政府部门之间缺乏认识和合作，更是令人不安。1992 年，蒙古国不顾自然和环境部的反对，突然开放通往中国的边境口岸，让商业贸易通过"严格保护"的戈壁公园 A 区。在公园内靠近西部和东部边界的地方，修建了两条新的道路通往边境。然而，卡车司机走捷径穿过公园中心，在绿洲上扎营。在公众的强烈要求下，蒙古国第二年关闭了这些过境点。蒙中边境有六个军事哨所，每个哨所约有三十人。这些哨所都占据着绿洲，还修有穿过戈壁熊和野骆驼主要栖息地的道路。有好几年，边防军人没有工资，靠猎杀野生动物维持生计。政府部门似乎缺乏对保护工作的积极关注和合作，这确实令人担忧。国家公园有未来吗？几年前，当地社区可以在绿洲自由收割芦苇作为牲畜饲料，在公园内砍伐白梭梭灌木当作燃料木材。还有什么限制措施会被同样随意抛弃？

戈壁公园拥有壮丽的野生动物群落。只要致力保护的人们监测问题并努力寻找解决方案，为那里的所有动植物提供安全的未来，公园将会继续壮丽。不过，我的任何乐观的情绪，自然都受到气候变化的影响。气候变化继续使地貌干燥，使绿洲干涸。另外，由于管理不善，矿工和牧民甚至侵入了公园的核心地带。

第二章

追寻金色棕熊

20世纪70年代以来，戈壁熊的种群规模据称维持相对稳定；但是，低繁殖率、近交的潜在影响和极端的生存环境，一直严重威胁着戈壁熊的生存。鉴于戈壁熊成年个体不超过50头，该类群应列为极度濒危。

艾玛·L. 克拉克和孟克巴图·吉布赞苏仁
（Emma L. Clark & Munkhbat Javzansuren）编，
《蒙古哺乳动物红色名录（2006年）》

1990年5月12日，我和凯抵达巴彦托欧若，大戈壁国家公园的总部。我们和拜安巴（O. Byambaa）先飞到阿尔泰，再乘坐吉普车去公园。拜安巴是我们的新翻译。我们在公园等待第二辆吉普车，它负责从乌兰巴托运送设备和食物。接下来一个月，国家公园的生物学家图拉嘎特将协助我们捕捉戈壁熊，并给它们佩戴无线电跟踪装置。我很高兴能离开乌兰巴托，据说那里局势“不稳定”。这个国家肇建于20世纪20年代，曾经铁板一块，如今已经分崩离析。如今，有五个政党觊觎权力的宝座。

我和次仁德勒格在乌兰巴托的会谈很愉快。他在新成立的蒙古自然与环境保护联盟担任副主席。我给他们捐赠了一堆设备，包括一台摄影机、一架照相机和一个单筒望远镜。在我们乘飞机出发的同时，次仁德勒格原本计划和我们的司机策伦道尔吉同行，开我们的吉普车前往大戈壁国家公园，随车携带所有的设备。此刻，我们在巴彦图罗伊一再等待这辆车。终于，拜安巴接通了乌兰巴托的电话。拜安巴个子矮小，戴着眼镜，寡言少语。他时年四十五岁，不久前还是工会的律师。我问他乌兰巴托有什么新动静，他一脸漠然。最后，他特别向我说明，在成吉思汗的时代，带来坏消息的人要被砍头。我向他保证，我的反应将仅限于沮丧，或者一点儿愤怒。于是他告诉我，次仁德勒格终究还是来不了，那辆吉普车甚至没有离开乌兰巴托。当然，我对实际情况一无所知。那辆吉普车可能被人卖掉了，用来交换食物和其他货品。这种事以前发生过。

至少我和凯已经在大戈壁公园。研究戈壁熊也是我喜欢的项目。这种动物稀有又迷人，生活在偏僻遥远的荒漠里。戈壁熊的生存环境提出了有趣的生态学问题，亟须答案，而且保护戈壁熊也是一项挑战。巴基斯坦和伊朗也有棕熊生活在荒漠里，但是栖息地远没有如此严酷。

我好奇戈壁熊是怎么到了蒙古的这个角落。在国家公园的西侧，中国天山山脉的东缘如同海市蜃楼，隐隐约约地耸立在地平线上。多年前，我在那里开展调查时注意过棕熊。天山的棕熊据说是中亚亚种（*Ursus arctos isabellinus*）。在气候温和的历史时期，降雨更多，植被也更茂密，一些棕熊可能漫游到大戈壁公园。如今，大戈壁国家公园的年降水量不超过 12.7 厘米，最高温度可达 46℃，酷热难耐，而最低温度只有 4.4℃。

戈壁熊始终隐藏在荒漠中，直到 1900 年才被俄国和蒙

乔治·夏勒在戈壁沙漠中搜寻野生动物

古的生物学家记录到，但显然，直到1943年才真正被观察到。如今，戈壁熊的分布区只有15000—16000平方公里，主要在大戈壁公园南部，靠近中国边境。这里有三条荒凉无人的山脉，分别是阿塔斯·英根山（Atas Ingen）、夏日胡鲁斯山（Shar Khuls）和查干博格德山（Tsagaan Bogd）。每条山脉都是棕熊活动的中心，山里有一些绿洲。沙漠将山脉彼此分隔，至少有48公里宽。仅在半个世纪前，戈壁熊的分布也更广。它们的活动范围延伸到公园北部边界以及更远处的埃德伦吉恩努鲁山（Edrengiyn Nuru），向东到当前公园边界四五十公里外。1994 年，三头棕熊出现在公园南边，中国境内的大草滩泉水区。从 1953 年起，戈壁熊就受到法律的全面保护。但是，根据目前对戈壁熊总数量的估计，仅存 25—40 头戈壁熊，极度濒危。

关于这些棕熊如何生活，仍然所知甚少，我迫不及待地想一探究竟。可是，我们的车在哪里？我和凯四处闲逛。我们观察驯化的野骆驼，现在有十头了。我们研究圈养的赛加羚羊选择哪种植物填饱肚子。我们还注意到小群迁徙的鹟属鸟类。我们的伙食是面饼和羊肉细面条汤，每天如此。想办法消磨时间。图拉嘎特说公园派了一辆车搜寻我们的车和司机策伦道尔吉。他独自从乌兰巴托开车过来。局势动荡不安，让孤零零的司机开着满载重要设备的车辆，真是坏主意。终于，五天之后，策伦道尔吉找到了。他在靠近中国边境的军事基地，声称自己迷路了。他现在要直接前往我们去年扎营的夏日胡鲁斯绿洲，在那里与我们会合。看起来，至少我们的无线电遥测工具和其他设备是安全的。

我们开了一辆吉普车和一辆卡车前往绿洲，带着汽油和装备。早上出发，下午 5 点钟到达。绿洲位于干枯的河床上，四周环绕着岩石坡地。策伦道尔吉并不在那儿：显然他还在近 50 公里外的军事基地逍遥。我很生气，派司机甘特穆尔过去接他。他们到晚上 11 点，才一起回到绿洲。策伦道尔吉身材矮小，体格粗壮，面色平淡，头发花白，穿着一件长至脚踝的雨衣。凯和我在黎明时分起床，整理我们的帐篷和所有的研究设备。三个小时后，太阳高高挂起，我去查看其他人的情况。图拉嘎特不满地嘟囔着，闷闷不乐地看了我一眼，翻身又睡了一会儿。9 点 45 分，拜安巴起身，咕哝着说："我很累。"他们几十年来一直被苏联人指手画脚，现在又有一个外国人敦促他们工作，这无疑令他们反感。

当天上午晚些时候，图拉嘎特要求详细地解释所有研究设备的功能，尤其是脚套，还有用来麻醉和给熊佩戴项圈的设备。他有理由担心熊受伤甚至死亡的后果。我也一样。在中国给大熊猫和亚洲黑熊佩戴项圈时，我清楚地记得每个人都备感压力，直到动物安全返回森林，大家才松了口气。我给团队成员演示了脚套的工作原理，然后我们前往绿洲，在棕熊喂食站旁边设置了一个陷阱。我用铲子挖了一个凹坑，把脚套的钢丝绳环放在上面。下面是机关，当熊踩在上面时就会触发并释放弹簧，将脚套抛向上方，套住熊的腕部或脚踝。脚套的另一端用螺栓固定在熊很难拽动的木头或者其他重物上。再把一个重型弹簧与脚套的钢丝绳连接在一起，这样激动的棕熊猛拉脚套时，可以减轻伤害。所有的零件都要用树叶和草小心地掩藏起来。最后，在地上放几根不显眼的树枝，引导棕熊在够到诱饵之前踏入陷阱。

第二天，我们驱车向东，到霍绍特宝力格（Hoshoot Bulak）绿洲设置了两个陷阱，又在查干布日嘎斯宝力格绿

正午时分，天气炎热，凯·夏勒在悬崖的阴影下休息

洲设了两个。我像往常一样检查棕熊粪便的内容物。两天时间里，我记录了 179 份粪便，其中 170 份含有喂食站的饲料颗粒，剩下 8 份里有我感兴趣的东西：两份里面有树根，两份里面有青草，两份里面有沙鼠（一种啮齿类动物）的残骸，还有两份里面有一撮北山羊的毛和皮，大概是食腐来的。零零落落还散布着好些小坑，那是棕熊挖掘野生大黄（*Rheum nanum*）主根留下的。我采集了大黄和其他几种植物的样品，以便日后分析它们的营养成分。经过从约 11 月到翌年 2 月的短暂冬眠，紧跟着是食物匮乏的春天，现在棕熊迫切需要一顿大餐来恢

复体力。可惜它们能找到的富含蛋白质的肉类实在太少了。

每天清晨，我都会检查营地所在绿洲中的两个陷阱，独自漫步野外让我很满足。但是要检查其他陷阱，就得在起伏不平又坑坑洼洼的地形中驾车横穿100公里。策伦道尔吉总是把吉普车开得飞快，只有遇到障碍才会猛踩刹车，一路颠簸令我们疼痛难忍。野生动物似乎放弃了这片区域。有一回我们看到两只母盘羊，各带着一只幼崽；另一回看到一头蒙古野驴，它们都迅速地跑开了。野兔似乎是这片土地的主宰。好在天气一直很宜人，晚上最低温度15℃，很是凉爽，白天也温度适中，25℃上下。

5月23日，凯加入早上的陷阱检查，给我们带来了好运。我们正走近霍绍特绿洲的一个陷阱，图拉嘎特领头。他突然停下来，指着前方。只见一头棕熊安静地卧在河床边缘，下巴倚在木头上。我退到后面准备注射飞镖，装入麻醉剂舒泰，还准备好发射飞镖的手枪以及无线电项圈。当我缓缓走近时，棕熊发出哀怨的呻吟，哼哼地喷着鼻息，恼怒地咬牙。发现这并没有阻止我，它两次大声地咆哮着向我冲过来，但是脚套的钢丝绳一下拉住了它。我在从10米外发射飞镖，但是低了，飞镖擦着木头的边缘飞过。第二支飞镖击中了它的大腿。现在是11点13分。很快，棕熊的脑袋开始左右摇摆。11点23分，它趴下了。又过了几分钟，我拿一根枯枝捅了捅它。没有动静，它已经沉沉睡去。这是一头公熊，毛发乱蓬蓬的，

一只戈壁熊从岩石隐蔽处张望，白天炎热的时候，它一直在那里休息

呈红棕色，像蜂蜜一样。我终于见到了金色的棕熊。

策伦道尔吉松开棕熊前脚掌的脚套。它没受一点儿伤，甚至脚掌都没有肿，这让我松了一口气。我们用弹簧秤给它称重：55 公斤。它还很小，大概还没成年。我们接着用螺栓把项圈固定在它的脖子上。无线电是 VHF（Very High Frequency，甚高频）频段，需要使用手持接收机和天线来接收触达范围之内的信号。信号是一连串的哔哔声，在开阔地形中可以传递 10 公里以上。但在这条峡谷的迷宫里，信号会在峡谷两侧来回反射，要想定位棕熊的确切位置就没那么容易了。我们很快给这头棕熊起名为霍绍特（与我们捉到它的绿洲同名）。之后想再找到它，每天少不了大量的徒步和攀爬。11 点 55 分，霍绍特抬起了头，用肘部支撑着身体，它还在恢复中。凯、策伦道尔吉和拜安巴都退到后面，安静地坐在高高的堤岸上，我站在柽柳树丛后面。可是，图拉嘎特在棕熊附近徘徊，像是试探熊能容忍他走多近。突然，伴随着刺耳的低吼声，棕熊冲向图拉嘎特，但是它的腿仍然摇摇摆摆，它猛然停住。我们都退回到车里。图拉嘎特说相机忘在陷阱旁了，于是又向棕熊走去。这一次，霍绍特已经恢复对身体的控制，不再摇摇晃晃，沿着河床向奔跑中的图拉嘎特冲了过去，但随后转向山坡，消失了。

凯和我都很高兴，因为捕捉和戴项圈都很顺利。不过，无论是图拉嘎特，还是留在营地的蒙古同事，都没有流露出太多情感。这种看似文化上的差异让我困惑，于是我向拜安巴询问这事。他简洁地告诉我："蒙古人爱吃肉，但不怎么说话，也很少说'早上好'或者回应你的招呼。"但那天晚上，我们在晚餐时向戈壁熊敬了伏特加，连图拉嘎特也一改愁容，加入集体的欢乐中。后来，从我们的帐篷里，我们向山谷望去，夕阳把原野照得通红，在某个地方，一只金熊正在孤独游荡。

成年戈壁熊皮毛的棕色比霍绍特更深，腿部和肩部前面的毛可能呈发白的月牙形。俄罗斯科学家多年来一直将戈壁熊的亚种名称定为 *pruinosus*，与西藏棕熊相同。我观察过西

图拉嘎特（右）和乔治·夏勒给麻醉的戈壁熊佩戴无线电项圈

藏棕熊，它们与戈壁熊几乎没有相似之处。西藏棕熊的腿部和腹部呈黑色或非常深的棕色，耳朵和肩峰也是如此，只有面部是浅棕色，颈部和肩部环绕着宽大的白色条带，背脊也可能呈银白色，尤其是成年雄性。

第二天一早，我们回到霍绍特绿洲，重新设好陷阱，放了一大块羊肉做诱饵。路上走到大概三分之二的地方，我们爬上一座山，手持天线准备搜索霍绍特。信号响亮又清晰，我们记下了它的位置。重设陷阱之后，我们继续监听霍绍特，但它离开了，信号在花岗岩的群山中变得不稳定。为了更好地接收信号，图拉嘎特和我爬上更高的山脊。项圈的无线电发射器有运动传感器，可以显示动物的活动状态：它们是在行走或四处张望，还是在休息。每隔 15 分钟，我们就打开接收机，记下霍绍特是否在活动。我们持续监听了四个半小时，这期间狂风阵阵，扑面而来。霍绍特主要在一片小区域里活动，可能正在挖掘大黄的主根，或是啃食野葱的嫩芽。回到营地，凯整个下午都在加固着帐篷的内壁，防止它被刮走。拉紧圆顶的帐篷绳绷断了，我换上了一根更结实的。

桑特（Tsand）是公园的警卫，刚加入我们的队伍。不过他跟我说，他必须把摩托车开去阿尔泰维修。甘特穆尔声称吉普车的刹车失灵了，也必须离开。毫无疑问，他们觉得城镇生活远比我们斯巴达式的荒漠营地有趣。我检查了营地所在绿洲里的陷阱。吃过午饭（有茶、面包和果酱），我们挤上另一台吉普车，出发去霍绍特绿洲。那里有一串新鲜的熊脚印，比霍绍特 18 厘米的后足要大。一开始没听到信号，直到我爬上高高的山脊，才从遥远的东方收到微弱的哔哔声。事实证明，短短两天内，霍绍特移动了超过 30 公里。

风太大了，原野上的卵石被吹得沙沙作响。一天结束时我的口袋里灌满了沙子。我们再次开始寻找霍绍特，先去了昨天监听到它的地方，但没有信号。经过一番搜寻，终于在查干托海（Tsagaan Tohoin）绿洲附近的峡谷里收到清晰的信号。之前人们认为，戈壁熊大部分时间在绿洲附近徘徊，不会离开绿洲太远。但是，霍绍特肯定在大范围游荡。它还是一头年轻的公熊，我寻思它是否在寻找安身之所。图拉嘎特和我连续八小时监听霍绍特，策伦道尔吉打理吉普车。在37次监听中，29次霍绍特都在休息。对熊和人来说，今天都是悠闲的一天。

这一天是我的生日，凯送了我一根巧克力棒作为礼物。搜寻霍绍特现在成了日常工作的一部分。它向西南穿过一片开阔的谷地，然后沿着一条蜿蜒的深谷移动了大约8.8公里，到了一片绿洲，那里有几棵白杨和许多柽柳。这里有一个喂食站，在那儿我找到了十份旧的粪便，还有一份新鲜的，里面还有青草。霍绍特肯定对这里的地形了如指掌，包括到达这个孤立绿洲的确切路线。信号显示它正在这条山谷的某处休息。我们从里面退出来，没有去打扰它。接下来的一周令人沮丧：无论开车走多远，爬上多少道山脊，我们都没能监听到霍绍特的信号。只有一次，我们从一个不确切的方向短暂听到哔哔几声，信号一直在峡谷中回荡。我们的野外笔记杂乱无章：一处新鲜的雪豹刨坑，一只被狼咬死的六岁公盘羊，一头大熊和一头小熊在绿洲上的足迹。

不过，至少我在蜱虫身上找到了乐趣。我已经习惯蜱虫潜伏在植被丛中，或者若无其事地附在草茎上，直到它们可以偷偷地附到我身上，享受免费血液大餐。有一种戈壁蜱虫与众不同。它的身体很大，呈暗红色，腿长且有黄色的条带。它可以快速奔跑和跳跃，非常适合追赶受害者，包括人类。看到戈壁蜱虫从阴暗的巢穴里现身，飞奔追赶我，真让我局促不安。当我站住原地不动，蜱虫会在原地兜圈两三次，就像利用自身的 GPS 定位一样，然后继续向我冲过来。我有时慢慢地向后退。有些蜱虫会跟着我走 12 米到 15 米的样子，然后突然放弃并飞走。

6 月 5 日早上，霍绍特绿洲的陷阱又套住了一头熊。它个头很大，呈深棕色。脚套的钢缆用螺栓固定在圆形的汽车金属部件上，也被这头熊拖到 21.3 米外的堤岸底部。在那儿，这头熊用爪子奋力翻动沙子和砾石，试图逃跑。我身体的一部分隐藏在一块突出的岩石后。10 点 22 分，我从 12 米外开枪给它注射了麻醉剂。被击中时，它低声咆哮。14 分钟之后，它困倦地低垂着头，但是仍然很警觉。我低估了它的体重，所以给的麻醉剂量过低了。11 点补了第二剂才让它睡着了。我们想给他称重，但是秤最大量程只有 90 公斤。这头大公熊估计至少有 102 公斤。11 点 25 分，它抬起头，接着又睡了过去，如此反复持续了将近 3 个小时。突然，它一跃而起，看到拴住自己的金属重物，咆哮着扑了上去。图拉嘎特就躲在离熊只有 12 米的突出岩石后面。也许是他相机的咔嗒声激怒了熊，所以他才突然遇袭。图拉嘎特跑开了。熊在后面追。但是当它看到我们的车，就突然转向跑到旁边去了。我们正在车里紧张地等待，图拉嘎特从开着的车门一头扎了进来。

我们给这头熊取名成吉思汗，因为它个性强硬。我们当时没意识到，它将展示另一个类似成吉思汗的特点——游历的冲动。我们再也没能找到它的信号。

霍绍特倒是很配合。现在我们能连续几天监听到它。它一直逗留在一条峡谷及其周围的区域，峡谷里有水源从岩石缝中流出。还有一个地方，巨砾间的沙地上有几个浅坑，可以看出熊曾在此休息。那个阴凉处很理想，既能沐浴和风，又面对山谷，视野开阔。有一次我接收到霍绍特的信号，但是它好像在荒芜页岩悬崖的高处。我沿着溪谷蜿蜒前行，翻过几道山脊，突然间信号近在咫尺，而且连续不断。我仔细地端详一处岩架。没错，霍绍特正在30米外的岩石间休息，只能看到它金色的脑袋。

现在我们对棕熊白天的活动有了些了解，但是晚上它们会做什么呢？图拉嘎特自告奋勇，连夜监听霍绍特，记录它的活动信号，直到凌晨3点30分信号消失，大概是熊进了狭窄的峡谷或洞穴。我决定第二天晚上继续监听霍绍特。我打包了一品脱水、一些面包和一个手电筒，还有圆领绒衣和充气垫。当然，少不了无线电遥测设备。搜索霍绍特的信号毫不费力，但是几个小时之后就听不到了。经过一个多小时的搜寻，我简直是差点踩到了它。它正卧在陡峭山坡的岩架上。我没被它看到，悄悄退到后面，在突起的岩石后躲避狂风。霍绍特继续休息，无休无止。直到傍晚9点，它变得焦躁不安。但到了 10 点 30 分，黄昏时分，它又接着睡了。接近午夜，一轮满月升起来。满天星斗，银河高挂，连黑色的山坡也在发亮。现在的夜晚如此宁静，如果霍绍特决定走过来察看，我应该能听到它轻柔的脚步声。

能跟棕熊独处，让我陶醉不已。一股寒风从东方刮来，我缩进毛衣里。最终，凌晨 1 点 30 分，霍绍特走了出来。它从我附近经过时，无线电信号非常响亮。它朝着南方的喂食站走去，信号逐渐消失。我在月光中穿过峡谷，爬上一道高高的山脊。在那里，我仍然能监听到霍绍特移动的信号。直到凌晨 3 点，信号终于消失了。现在，我可以像它一样，安顿好睡上一觉。三小时后，我察看了喂食站，发现霍绍特曾在那儿停留，吃过早餐又上路了。

车子来接我，然后我们驱车前往查干布日嘎斯宝力格绿洲。我下车去检查陷阱。前方传来巨大的咆哮声，我看到一头巨大的棕熊包裹在尘土之中，它拽着那棵已经倒下的固定脚套钢缆的枯树，疯狂挖刨沙子。

这头熊正在换毛，除了耳朵上的绒毛，头颈的长毛已经脱落。它有些瘦弱，目光坚定地瞪着我。上午 10 点 25 分，我给它注射了麻醉剂，还不到 10 分钟，它就睡过去了。跟我推测的一样，这头熊也是公的。它体形太大，也没法称重。我注意到它前足的一只长爪子不见了。到 11 点 15 分，它开始警醒，但仍然只能卧在那儿休息，直到 12 点 27 分，才晃晃悠悠地站起来，向着山谷走去。我们没有给它取名，只是用它的无线电频率来识别它："950"。第二年，图拉嘎特和我有一次跟踪公熊"950"整整一天，合作发表了科学论文《对蒙古国戈壁熊的观察》("Observations on the Gobi Brown Bear in Mongolia")。

> 6月14日，我们在查干托海绿洲的喂食站附近等待。一头成年雄性棕熊（频率950）正在远处的花岗岩群山之间，2000（下午8点），我们在那里短暂接收到它的信号。0200（凌晨2点），它来到喂食站。0255，我们听到一连串的咕哝声，之后检查足迹发现还有一头亚成体棕熊（未佩戴跟踪项圈）也曾出现在这里。这头成年棕熊在喂食站周围活动了大半夜。黎明的第一缕曙光在0515到来。0623，我们观察到它离开喂食站，转而穿过一片盐碱地，停下来吃了2分钟的麻黄属植物，然后爬上一条陡峭的冲沟。它继续爬过一座圆形的脊峰，进入布满漂砾的盆地。0700，它在盆地里开始日间的休息。它一直待在那儿，一般不活动。直到2100它开始活动，离开喂食站。夜里0115，我们遭遇了一场暴风雨，失去了它的信号，那时它还在向更远处移动。

我们在野外辛苦工作已经一个月，准备返回乌兰巴托。

我们帐篷里的气温已经上升到超过46℃。我们关闭了所有的捕捉陷阱，将设备集中到营地。拜安巴抱怨“老鼠”让他一夜未眠。我想它们可能是沙鼠，一种迷人的啮齿动物，身体黝黑，尾巴呈黄褐色。它们把麻黄属植物的嫩枝堆在洞穴旁，作为食物储备。不过，我很快发现“老鼠”实际是三只刺猬。我抓住了一只给凯，让她用手托着长满刺的身体。刺猬蜷缩成一团，黑色眼珠窥探着外面，恼怒地发出噗噗的声音。放在地上，它就会展开身体，僵硬地伸出腿来，呼哧呼哧地喘气，这是一种吓人的恫吓行为。凯和我爬上山脊，尝试定位三头佩戴项圈的熊，哪怕一头也好，但没有搜索到任何信号。在悬崖边上，避开大风，我们分享了一罐樱桃。

我们于6月3日返回巴彦托欧若，完成了项目一个阶段的工作。我们组建了不错的队伍，他们不分昼夜地辛勤工作，在困难的地形中收集信息。这些信息是第一批有关戈壁金熊岌岌可危的生存状况的详细资料。我们了解到，霍绍特的活动范围至少有280平方公里。那头体形巨大的公熊，“950”，游荡的范围更广，我们几乎搜索不到它的信号。它的活动范围超过650平方公里，南北相距约48公里。一头公熊日常可能会移动相当长的距离。比如霍绍特，我们曾经两次连续监听它，每次为期四天。监听期间，它每天平均直线移动距离是8.5公里，这还不算峡谷里蜿蜒曲折的路线和翻越山脊的爬升。这个距离似乎超过了单纯觅食所需。这些熊为什么如

戈壁沙漠里的一只刺猬

此频繁地走动？是为了维持社会联系吗？对棕熊是否活动的监听显示，这些熊平均每天有 45% 的时间在活动。它们可能在一天中的任何时候活动，不过早上 7 点到晚上 10 点是最不活跃的时段，这也是一天中最暖和的时候，而最活跃的时段是在夜里。

寻找营养丰富的食物是熊的基本需求。熊的消化道没有特化，与人类的消化道相似。熊依靠植物的某些成分获得营养。它们不能消化植物中的纤维素和木质素，只能消化部分纤维状的半纤维素。细胞的可溶性组分——蛋白质、糖和脂肪——能满足熊基本的营养需求。棕熊对摄入的食物肯定非常挑剔。我给康奈尔大学动物科学系提供了七种样品，包括六种野生熊类食用的植物和一份市场上售卖的牲畜饲料颗粒。研究人员慷慨相助，分析样品，提供了以下信息。仅以每种植物的可溶性组分和蛋白质而言，可利用部分的比例大致如下：野生大黄的根，35%；针茅属植物，24%；芦苇根茎，17%；柽柳植物的枝梢，31%；青葱幼苗，69%；绿麻黄茎，54%。牲畜饲料的这个数值是50%。野生大黄的直根很大，可以食用，能重达450克，可以磨成粉，因此人类与棕熊经常争夺。当然，营养成分随季节变化。比如，相比干草，正在生长的青葱是更好的食物。野生大黄的营养成分中等，但要获得约20克到60克的根，熊必须花费很多精力把它挖出来。牲畜饲料的营养质量相当高，而且某些季节在特定地点很容易获得。难怪在我检查的365份熊粪中，约91%含有饲料颗粒。不过，与天然食物相比，牲畜饲料的矿物质含量较低，如锌、磷和其他必需元素。熊非常喜欢白刺属植物的浆果，但这些食物只在特定季节才有。由于缺乏经费，喂食站主要在春、秋两季提供颗粒饲料。春季时分，熊刚从冬眠中醒来，饥肠辘辘。在秋季提供饲料，是为了让棕熊在冬眠前再多一点脂肪储备。然而，棕熊迫切需要更多营养，肉是最适合的食物。有时，被宰杀的牲畜的碎肉屑会被扔在喂食站的储存箱旁，极少数情况下提供商业狗粮。但由于车辆燃油短缺，就算是这些东西，也不可能在熊的整个分布范围内投放。

我们的调查结果是有意义的，但也是零散的。当我们离开时，关于戈壁金棕熊的多数方面仍然是个谜。幸运的是，大戈壁公园在未来几年里受到很多关注。1993 年，联合国开发计划署（UNDP）在那里启动了生物多样性项目，开展了多种研究项目。但是，1994 年，蒙古自然和环境部与一家日本电影公司签署协议，允许他们捕捉稀有的戈壁熊，目的只是为了拍电影。这让我感到不安。他们确实捕捉到一头熊，脖子上已经有无线电项圈，是我们在 1990 年佩戴的，现在已经失效。电影摄制组在麻醉和处理被捉住的棕熊方面完全不称职。他们把这头可怜的动物留在陷阱里足足两天后，才设法将其释放。自然和环境部最终在 1994 年将戈壁熊列为需要特别关注的物种。

在离开这个国家之前，我一直没能找到可靠的蒙古生物学家愿意待在野外，监听佩戴无线电项圈的棕熊和雪豹。约翰·曼（John Man）在《戈壁》（1997 年）一书中提出一种可能的原因："蒙古人在管理畜群时像其他任何人一样负责，但长达五十年的政治运动侵蚀了承担更广泛责任的意愿。总是有其他人在更高的层面上做出决定。在过去——也就是 1990 年以前——如果机器不是你的，你就不需要照看它。就算它坏了又怎么样？你不能做你的工作又如何？有人会订购一台新的机器替代它，而你还是会得到报酬。既然这样，又何必主动做什么……”

幸好，野生动物学者托马斯·麦卡锡（Thomas McCarthy）联系了我，希望加入我们在蒙古的研究。1990年10月，他给我写信道：“我在阿拉斯加工作了几年，其中六年是作为该州的野生动物学家。现在我有兴趣继续攻读博士学位，最好能在国外继续从事跟熊有关的工作。”我找不到适合合作的训练有素的蒙古生物学家，于是邀请托马斯加入我们的项目，研究戈壁熊和雪豹。他在1992年9月完成了这项工作，我将在下一章讲述其中的故事。从1994年到1998年，他继续留在戈壁工作了很多个月，有时还有他的妻子和两个年幼的儿子陪伴。他对戈壁熊开展了非常重要的研究。汤姆特别感兴趣的是，搞明白戈壁熊的种群大小、性别比例和活动规律，以及确定它们是否近亲繁殖。

我研究熊的方法是相当老式的。汤姆带来了新的技术和感觉。他认为，诱捕这些稀有的熊是不可取的，这会给它们带来压力和潜在的伤害，甚至更糟。可以通过非损伤性的方法收集信息，如获取毛发样本进行DNA分析。线粒体和DNA分析可以识别不同的个体，确定棕熊种群个体间的遗传关系，记录种群间的差异程度，发现遗传多样性的丰富程度。为了采集毛发样品，汤姆在喂食站和诱饵点围了一圈带刺铁丝。刺丝距离地面30—50厘米。熊从刺丝下面钻过时，往往在刺丝上留下毛发。熊喜欢在杨树和其他树木的树皮上摩擦，留下自己的气味。在熊喜欢摩擦的树上，围着树干缠上一圈刺丝也能采集到棕熊的毛发。

2009年，汤姆及其同事在熊类科学杂志 *Ursus* 上发表了一些发现。"夏日胡鲁斯和巴润陶来（Baruun Tooroi）绿洲周围至少有八头熊，约占研究开展期间在此活动的棕熊数量的50%。"这八头熊有三头母熊，四头公熊，还有一头无法确定性别。它们的遗传多样性很低，说明近亲繁殖严重。事实上，除了西班牙比利牛斯山的一个棕熊种群，这里的棕熊是遗传多样性最低的。在2007年同样发表于 *Ursus* 上的一项研究中，G. 加尔布雷斯（G. Galbreath）和合作者确定，戈壁熊属于 *isabellinus* 亚种。这与我的推测一致，它们的近亲在中亚，而不是西藏。

出于对戈壁熊未来的担忧，一些蒙古官员和生物学者提出圈养繁殖的想法——祸害棕熊的未来的可怕建议！从野外种群抓捕几只公熊和母熊，关到笼子里圈养，这是个体数量极少的野生种群无法承受的。熊的圈养管理很困难，而且不能保证它们能顺利繁殖。此外，在圈养环境中长大的幼熊未来会怎么样呢？年幼的野生棕熊至少要和母亲待上两年，学习吃什么食物，在哪里找到这些食物，如何在错综复杂的山地中寻找绿洲和水。让我担心的另一点是，对于圈养野生动物的管理，我发现蒙古国目前既缺乏兴趣，也没有能力。这些棕熊高度濒危，任何错误都可能是灾难性的。保护戈壁熊最可靠的方法，是保护它们的野外生活环境不受打扰，必要时提供营养丰富的补充食物，帮助它们渡过难关。

近年来，戈壁熊的状况有所改善，因为现在人们认真地关注它们。例如，蒙古政府将2013年定为“戈壁熊保护年”。一家公司发售以棕熊命名的伏特加新品，马扎莱（*mazaalai*）。蒙古人似乎也变得热心野外工作了。道格拉斯·查德威克（Douglas Chadwick）在《追踪戈壁熊》（2017年）中写道：“蒙古人喜欢工作，总是盼着下一个任务，并努力完成它。每个人都在做自己的工作。没有人逃避，也没有人埋怨。”2005年，“戈壁熊保护项目”启动。这个重大的长期项目开始应用最好和最新的技术，主要研究人员包括美国阿拉斯加州前熊类生物学家哈里·雷诺兹（Harry Reynolds）、加拿大生态学家迈克尔·普罗克特（Michael Proctor）和大戈壁公园生物学家米吉德道尔吉·巴图孟克（Mijiddorj Batmunkh）。查德威克也常常参与这项工作。他在书中生动描述了这个项目，包括项目成果、团队成员，以及不屈不挠的戈壁熊。许多当地和国际的组织为该项目提供了资金，包括全心致力熊类保护的蒙大拿关键地带基金会（Vital Ground Foundation）。

项目组利用带诱饵的箱式陷阱捕捉了一些棕熊。最重的两头都是公熊，体重分别为121公斤和138公斤，最重的雌性为94公斤，都远远超过我当时使用的秤的量程。研究组给每头熊都戴上了GPS卫星项圈。GPS项圈非常理想。追踪者可以在任何地方监测动物的活动，无论是在蒙古包还是在美国的家里。当然，这也剥夺了追踪者的乐趣，那种每天在或炎热或寒冷的荒凉戈壁攀登徒步，最后却没搜索到信号的乐趣。GPS 项圈设置为一年后自动脱落。即使如此，事情也未必一帆风顺，正如查德威克指出的那样。“自 2006 年 5 月以来，在中亚使用 GPS 项圈的所有科学家，从 GPS-Argos 卫星接收数据时都遇到问题……它不仅影响了我们的工作，也影响了在各自研究区域使用类似项圈的研究人员。”

GPS 项圈提供的信息，倘若按原来徒步跟踪的方式，需要耗费数年时间才能收集到。例如，一头母熊的家域面积是 513 平方公里，而一头公熊的家域面积可以达到 2485 平方公里。母熊似乎比公熊活动量少，这是熊类的典型现象。有几头公熊在阿塔斯英根山和夏日胡鲁斯绿洲群之间游荡，在山脉和绿洲之间广袤的沙漠里跋涉。另一头公熊向东走得更远，到了查干博格德山，直线距离约 200 公里。2011 年 6 月，我们在青藏高原上给一头带有两只幼崽的雌性西藏棕熊佩戴了卫星项圈。它的活动范围超过 2448 平方公里。同一时期，一头佩戴项圈的雄性西藏棕熊在 10 月前的四个月里的漫游范围超过了 5117 平方公里。

通过用刺丝收集毛发样品和利用自动照相机拍照，项目组获得了迄今关于戈壁熊的数量的最精确信息。共确认了 22 头棕熊，其中 14 头公熊、8 头母熊；后来最低估计值增加到

27头。统计计算表明，那里生活有36头到40头戈壁熊。然而，经过多年的观察，我们对戈壁熊生活的方方面面仍然知之甚少，像这样的研究必须继续下去。

过去半个世纪的所有项目都证实，蒙古戈壁熊极度濒危，极有可能灭绝。最严格的保护对于确保戈壁熊的栖息地和水源，以及动物本身的继续生存至关重要。然而在2012年，有人给政府递交一份法案，其中包括在大戈壁公园开放采矿的提议。从2009年开始，许多非法采金团伙侵入公园，部分团伙遭到逮捕。棕熊虽然顽强又坚韧，但是仍然需要进一步的帮助。我们必须做出更多的努力，让当地社区参与到公园的保护中，培育他们对自家门口的自然宝藏的自豪感，并将一定比例的旅游利润分配给社区，从经济上帮助他们。公园附近的一些学校成立了戈壁熊儿童俱乐部。这个倡议很好，类似的行动将有助于棕熊的长久繁衍。必须为公园的守卫者提供良好的巡逻设备。青黄不接的季节，需要为棕熊提供营养丰富的补充食物。所有野生动物生存的绿洲都必须规避人类和牲畜的干扰。政府必须提供足够的资金来保护和管理大戈壁国家公园。对濒临灭绝的金棕熊来说，这些要求并不过分。

第三章

神灵之猫

在湖的高处，乔治·夏勒转身等待；他指向小路上的某个东西。上来后，我盯着粪便和无声的脚印看了很久。周围都是岩石台阶，覆盖着薄薄一层矮小的刺柏和玫瑰。“它可能就在附近，看着我们，”乔治·夏勒喃喃自语，“而我们永远看不到它。”他采集了雪豹的粪便，然后我们继续前进。在山的拐角处，在强劲的阵风中，乔治·夏勒的高度计读数是13300英尺（4054米）。

彼得·马蒂森（Peter Matthiessen），
《雪豹》（1978年）

1970年12月的一天，在巴基斯坦北部兴都库什山脉白雪皑皑的山峰中，我徒步走进一条荒凉的山谷。在那里，我发现一只母雪豹在山嘴上休息，它的下巴放在一只前爪上。它刚杀死一只家养山羊，附近岩缝里有它的幼崽，大约四个月大。1972年，我在国际野生生物保护学会的杂志上写过一篇文章，描述这次邂逅。

> 我沿着斜坡向她走去，慢慢移动，每隔一段时间就停一下，似乎对她的存在视而不见。她平躺在岩石上，看着我走近。有一次，她坐了起来，乳白色的胸部是阴沉悬崖上的亮点，然后她从有利位置向后退去，变成一个转瞬即逝的影子，与巨石的轮廓融为一体。她从另一块岩石上向我望来，我只看到她的头顶，但几分钟后她又径自回到原来的位置，放松地躺在那里。我很感谢她的大胆和好奇，因为她很善于隐藏，如果没有她的同意，我不会看到有关她的更多东西。我在150英尺外停了下

来，在微弱的光线下，沿着能清楚看到她的岩架展开睡袋。躺在温暖的睡袋里，我可以观察到她在进食，直到黑暗吞噬了我们。然后，只有风在巨石间呻吟，以及雪豹继续进食时偶尔发出牙齿与骨头的摩擦声。

在雪豹身边过了一夜，我的内心充盈着巨大的喜悦。此后，我断断续续观察了母亲和幼崽一个星期。在此期间，我得以窥视它们生活中亲密而独特的一面。以下摘自我的现场记录：12月15日，“0700（早上7点），小雪豹在离母亲5米远的岩石上爬来爬去。突然，它跑到母亲身边，用额头碰了碰母亲的脸颊。然后它在山羊身上吃了40分钟，而它的母亲在附近一块巨石上休息。吃完饭后，它走到母亲身边，用脸颊蹭了蹭母亲的脸，舔了舔母亲的头顶，然后消失在岩石间”。

接下来的几年里，我试图观察并重温与雪豹共处的温柔和愉快的时刻，但没有成功。我在它们的山地王国中漫游时，一些雪豹可能用淡黄色的眼睛观察我，但小心翼翼地隐藏自己，因为它们知道人类的接近可能意味着死亡。1973年，在尼泊尔的喜马拉雅山脉，我确实看到了一只转瞬消失的雪豹。20世纪80年代，在中国青藏高原几个月的实地考察中，雪豹是难以捉摸的山中精灵。它们给我留下存在过的线索。一只雪豹可能会停在悬崖边上，用后爪在地上扒拉，留下明显的刨坑。我偶尔注意到一股刺鼻的气味，那是雪豹的尿液和从肛门腺中喷出的液体的混合物。雪豹或者在山路上留下整齐的粪便，似乎在等待我扒开粪便，看看它吃了什么。所有这些都是视觉和嗅觉标记，雪豹由此向另一只雪豹发出信号："我来过了，不管你是谁，加入我或者避开我。"

我热切地记录这些痕迹，在遥远而崎岖的山区开心地寻找这种幽灵，而人们对它们的了解还很有限。除了中国、蒙古，雪豹还分布在中亚十二个国家。到20世纪80年代，雪豹的分布范围已经勾勒得相当清楚。不过只有一项深入的研究，从1982年到1986年，罗德尼·杰克逊（Rodney Jackson）和他的同事在尼泊尔做了近四年的研究。通过无线电追踪五只雪豹，他们掌握了第一份关于雪豹的详细信息。雪豹被认定为濒危物种，自1976年起就禁止国际贸易，在所有分布国都受到正式保护。但是，雪豹可能会捕食牲畜，因此遭到报复性的诱捕、毒杀和射杀，它的皮和骨头还被出售，以获取利润。我在第一章中提到，蒙古国也受到狩猎这种"战利品"的诱惑。雪豹的山地栖息地面积辽阔，通常无法接近，因此对雪豹种群数量只有粗略的估计。它在十二个分布国的潜在栖息地面积约为1813000平方公里。估计雪豹总数为6000只到8000只，其中60%位于中国。蒙古国的雪豹栖息地面积约为100000平方公里。汤姆·麦卡锡计算过，蒙古可能有800只到1700只雪豹，仅次于中国。然而，雪豹并不安全。1998年访问乌兰巴托附近的政府旅游营地时，我还记得大帐篷天花板上挂着79张雪豹皮毛。

一家政府旅游营地中装饰着雪豹皮毛

调查，1989 年 12 月—1990 年 1 月

1989 年夏天完成野骆驼研究后，我们同意在当年冬天启动雪豹项目，开展一次雪豹调查。12 月 11 日，结束对西藏的短暂访问，我从北京飞回乌兰巴托。飞机上只有三名乘客。次仁德勒格和翻译恩和巴特前来接我。这座城市看起来很暗淡，弥漫着一层褐色的空气污染。煤烟笼罩着乌兰巴托，毒气也笼罩着这个城市。大部分烟雾来自发电厂，盛行风将致命的烟雾吹到整个城市。温度为 -18℃，人们都裹在又长又厚的大衣里，常常戴着狐狸皮的帽子。巴彦高勒酒店很暖和，

不过晚餐的肉和薯条很冷。

次仁德勒格、恩和巴特、科学院的雪豹生物学家高勒·阿玛尔赛纳和我讨论了未来一个月的计划。我们决定，主要沿着外阿尔泰戈壁山脉检查雪豹的分布和丰度。这条山脉沿着戈壁沙漠的北部边缘延伸。如果找到一个适合详细研究的地区，那么我们可以在 1990 年底开始。现在切入正题。两辆吉普车是必不可少的，以防坏了一辆。次仁德勒格可以为这次调查提供一辆，但这个项目也需要自己的车辆开展今年和后续的工作。我们听说，一辆二手俄罗斯吉普车的价格在 5000 美元到 7000 美元。我们还需要考虑吉普车的维修、燃料、食物和其他物品的费用。要在短时间内找到一辆吉普车可能并不容易，而且司机也不愿意在冬天的戈壁中旅行。但是三天之内，次仁德勒格把所有事情都安排好了。吉普车的里程表是 42000 公里，我们只希望它能从崎岖的道路和莽撞的司机中幸存。

我们花了两天半时间，从乌兰巴托南部出发，穿过草原和沙漠，到达南戈壁省的首府达兰扎达嘎德市（Dalanzadgad）。问题不在于有多远，而在于道路，如果还称得上是路的话。这里的路不过是模糊的土路，有时是十条碾过荒野的平行车辙。在城镇西部可以看到一条山脉，那里是古尔班赛罕（Gurvansaikhan）国家保护公园，面积为 12716 平方公里，已知有雪豹。阿玛尔赛纳的一位朋友邀请我们共进晚餐：茶、馍馍和一碗煮熟的羊肉，我们都用小刀从骨头上挖出大块的肉。按照传统，在这样的聚会上每人必须喝三杯伏特加。

第二天，我们向西越过一个宽阔的垭口，下到一个冲积平原，来到巴彦达莱（Bayandalay）地区驻地。我们向当地领导询问雪豹的情况。蒙古语把雪豹称为 *iri bes*，意为“雪猫”。当地领导跟我们强调“雪豹是对牲畜最严重的威胁”，“野生动物减少了，因为雪豹杀死了很多”。我们询问过去一年该地区有多少牲畜被杀。答案是大约 60 头牲畜。我们询问，该地区有多少牲畜？大约 7.2 万头牲畜。我在笔记本上悄悄计算了一下，牲畜损失不到 1%。

汤姆·麦卡锡进行过对牧民家庭的访谈，他的博士论文提供了关于雪豹捕食家畜的更多细节。1995 年至 1998 年，他采访了 105 户牧民，每年雪豹捕杀 57 头牲畜，平均每户每年约 0.45 头。“总的来说，被雪豹杀死的家畜 70% 是大牲畜。在被杀的大牲畜中，53% 是马，36% 是牦牛。根据牧民报告，同一时期狼造成的损失（168 头）大约是雪豹的三倍。狼更经常捕杀小牲畜（56%），而且绵羊（63%）多于山羊（37%）。”

直到最近几个月，每个家庭只被允许拥有几头牲畜。其余牲畜为国家所有，每个牧民家庭照看一定数量的牲畜，由国家发放报酬。如果国家所有牲畜遭捕食者杀死，该家庭将被处以最高三倍牲畜价值的罚款。私有牲畜的死亡不需要报告。现在，在 1989 年底，政策发生了巨大变化：所有牲畜都被私有化。这将产生重大的长期影响。1992 年，蒙古国牲畜总数约为 2600 万头。此后四分之一世纪内，牲畜数量增加了一倍多，造成严重的过度放牧。牧场被侵蚀，家畜与野生动物争夺草料。

我们开车进入祖龙山（Zoolon Range）时，当地向导指着一条狭窄的峡谷说，那里有一条小溪，野生动物到那里喝水。走进峡谷，我几乎立刻就发现了两处雪豹刨坑。刨坑相距一米，中间还有一坨粪便。更远处有一串新鲜的雪豹足迹。我测量了一个前爪印，宽 7.8 厘米，长 9.4 厘米。还有更多刨坑，有些是单个的，有个地方是四个，总共有二十个。我寻思巨石上是否有雪豹在观察我们，对测量刨坑和粪便装袋的奇怪行为疑惑不解。我们发现一具北山羊的骨架，六岁半的公羊。关节骨和残余皮毛表明，它是被雪豹杀死的。但在更远处，我们还发现了两具北山羊的尸体，一公一母。尸体被大卸八块，部分藏在灌木丛里。这是偷猎者的杰作。

所有这些发现都在不到一公里的范围内，我感到很兴奋。不过阿玛尔赛纳似乎无动于衷。他没有测量任何东西，没有做任何记录，也没有在死去的北山羊面前停下脚步。当我问他时，他说："我只对雪豹感兴趣。"我想知道阿玛尔赛纳的真正兴趣是什么，如果有的话。我也想了解他对我们工作内容和工作原因的看法。我希望他能表现得更主动。相比之下，年轻的恩和巴特跟我们意气相投，很愿意参与我们的野生动

生物学家汤姆·麦卡锡和当地牧民阿玛尔在阿尔泰山研究区域检查雪豹的足迹

物研究。其他时候，他为一个佛教组织工作，响应国家“开放”新政策而成立的组织。在回城的路上，我们沿着山脚看到几百只蒙原羚。我数了一下，383 只。显然还有更多，蒙原羚正在发情期，公的在追逐母的。除了我之外，没人愿意耽搁时间观察它们。

我们原计划检查北部大范围区域中的野生动物，但汽油不够。*bakwa* 的意思是“没有 ”或“买不到”。这个词如今是对任何要求的频繁回应，因为一切都很匮乏。我们驱车前往洪谷品（Hongopin）社区，那里有一些军营和蒙古包。我们被告知没有汽油供应，得去县城塞夫雷（Sevrey）。要到塞夫雷，得沿着沙丘上被风刮过的模糊车辙开上三小时。到达塞夫雷后，发现还是没有汽油。但再往前开了75公里，发现了汽油供应。幸好备用油箱的汽油够用，足可到达。第二天早上，我们穿过颠簸的砾石平原，在山丘间蜿蜒前行，然后下到宽阔的沙漠谷地。成群结队的毛腿沙鸡快速跑过我们身边。我们在荒郊野外找到了加油站，距离盐矿不远。买汽油只能用10升的油票。我们有一些油票,不过12月28日就要过期了，也就是两天后。

我们继续向西南方向行驶，前往县城古尔万提斯（Gurvantes）。县城背后耸立着崎岖的托斯特山（Tost Uul）。气温已降到零度以下，我们住进城里舒适温暖的客栈。晚餐菜单上有羊肉饺子、茶和骆驼奶。电视里播放着男孩孵化鸸鹋蛋的澳大利亚电影，还有罗马尼亚革命的新闻。

托斯特山西端有一座大山谷，我们到那里调查野生动物。一进山谷，我们几乎是马上就发现了两小群盘羊。一群有三只公羊、四只母羊和一只小羊，另一群有一只公羊、三只母羊和一只小羊。我还记录到72只北山羊。大雪将大部分北山羊赶到山坡低处活动。大多数北山羊结成小群，通常是一两只公羊、几只母羊和小羊。几只大公羊正在求偶，紧跟着母羊，尾巴高高翘起。沿着谷底，我们发现三只雪豹的新鲜足迹，可能是母雪豹带着两只大幼崽。随后几年里，这里将成为两项重要雪豹研究的焦点。1994 年到 1997 年，汤姆·麦卡锡与妻子和两个儿子在托斯特山写完了他的马萨诸塞大学的博士论文。他捕获了四只雪豹，两只雄性和两只雌性，雄性最重的达 41 公斤。汤姆给每只雪豹都戴上了 VHF 无线电项圈，发现它们的家域面积很小，从 14 平方公里到 142 平方公里不等。然而，他遇到了与我类似的问题：连续几天无法在崎岖的地形中定位雪豹，因为 VHF 信号不够强大。2008 年到 2014 年，瑞典生物学家奥尔简·约翰森（Orjan Johansson）在同一地区研究雪豹。他也给两只雄性和两只雌性佩戴了项圈，不过使用了更精确的 GPS 卫星技术。奥尔简发现，雪豹的家域面积在 327 平方公里和 615 平方公里之间，雄性的家域是雌性的两倍，而且都会偶尔进入很少使用的地区。它们约有四分之三的猎物是野生有蹄类，主要是北山羊，其余是牲畜。一只雪豹平均每八天捕猎一次。2019 年 8 月，朱珠［查斯汀·亚历山大（Justine Alexander）］代表雪豹信托基金（Snow Leopard Trust）在会议上报告称，雪豹在两岁左右离开母亲，雌性个体一般在母亲的家域内或附近定居，年轻雄性则在建立新家域前广泛游历。

不过，这一天，我们造访了一个蒙古包。牧民告诉我们，他照看大约 300 匹国有马匹，今年雪豹杀死了两匹一岁的小马和 19 匹马驹，他不得不交罚款。马匹经常在高处的牧场游荡，一连数周无人看管。干草很难找到，要么价格太贵，整个冬天都把马匹关在畜栏或畜棚里喂养是不可能的。离蒙古包约一公里外有个围墙低矮的畜栏，这位牧民把几匹马驹关在里头。这是对捕食者的公开邀请。确实，畜栏里有三匹马驹遭到雪豹袭击，留下了伤口。没有抗生素，小马驹很可能死于感染。我们造访的另一个蒙古包，女主人照看着 260 只绵羊和山羊，今年没有遭受捕食者的袭击。她以为我们是猎人，搞明白我们不是来打雪豹时很是失望。

蒙古包通常散布在偏远的山谷里，或者孤零零地建在草原上。每个蒙古包都是单独的，然后几个蒙古包结成小群。牧民家庭都非常好客，不管是意料之内或之外的，也不管是朋友还是陌生人，尽管大多数牧民都很穷。20 世纪 90 年代中期，牧民家庭平均年收入仅相当于 600 美元。他们必须用这些钱购买面粉、大米、药品和其他必需品。尽管如此，每当我们来到门口，牧民会道一声“赛白努？”（你好吗？），直接邀请我们进蒙古包。蒙古包中央有个铁炉，主人添上牛羊粪或木柴，马上开始烧奶茶。等待奶茶时，我们会解释我们到这里的原因，询问这家人的牲畜、生计和野生动物的情况。这也是交换消息的好机会。蒙古包在严寒的冬天舒适温暖，是有史以来最好和最有创意的可移动房屋。毛毡盖在圆形的木架子上，通常还有木地板。沿墙放着橱柜、储物箱和床，还有一堆折叠整齐的棉被。通常有一个或多个热水瓶，一台收音机，有时还有一台电视，一面镜子，几个储水的大罐子。柜子上贴着家庭成员骑马或骑驼的照片，孩子的照片，以及节日的照片。有时，一只刚出生的小羊羔在角落里休息。然而，狗是不允许进入蒙古包的。主人通常要求我们留下来吃饭，也许是带羊肉碎的面条和一杯牛奶。如果天色晚了，主人也欢迎我们留下过夜，睡在铺着厚厚被子的地板上。

我们在阿玛尔赛纳亲戚家的蒙古包里住了一宿。这个小小的蒙古包里，已经住了两个男人、两个女人和六个刚从城里的学校回家的孩子。现在，我们六个人挤在一起，像谚语里的罐头沙丁鱼一样，在地板上排成一排睡觉。蒙古包敞开的天窗晚上会被盖住，保持温暖。即便如此，到了早上，蒙古包里的气温也常常远低于冰点。躺在这样的蒙古包里，听着所有人的呼吸声，有时我想知道凯和我们的孩子在做什么。为了报答主人的盛情款待，我们通常留下一些食物或其他物品，真诚地道一声 *biala*（“谢谢你”），然后挥手道别。像这样融入牧民家庭，是我在蒙古国最珍贵的记忆之一。

今天是圣诞节，一只雪豹让节日变得特殊。我们在山谷入口处的雪地上，发现了一个新的足迹。现在是 –22℃。阿玛尔赛纳、恩和巴特循迹回溯，看看雪豹从哪里来。我继续沿着山谷往上走，任由这只雪豹将我带到哪里。从足迹大小看，它是一只雄性雪豹。它沿着陡峭的山坡向山脊走去，进入峡谷，然后爬上高高的山脊，沿着山脊走了很长一段。我

一只雪豹从一块巨石后面窥视我们

在一块巨石下数刨坑，嗅闻它的气味。在一处视野开阔的地方，它在雪地上坐了下来。经过一面岩壁后，它下到大山谷，很快转到一条岩石小沟里。我在小沟处停止了追踪。我跟着它走了将近 6 公里，记录到 14 个新旧不一的刨坑，还发现一坨粪便。它没有捕猎，只是蹒跚而行。显然，托斯特山能成为优良的研究地点。现在我坐下来休息，享受孤独的感觉。8 世纪唐朝诗人李白说尽了我的感受：

众鸟高飞尽，孤云独去闲。

相看两不厌，唯有敬亭山。

当天在城里吃晚饭时，我跟同事们解释说，今天是我故乡的圣诞节，按照惯例，要给朋友和家人送礼物。我分发了手表、小刀、打火机、钢笔和我带来的其他物品。阿玛尔赛纳借来一把吉他，在恩和巴特高唱蒙古语歌曲时，出人意料地展示了吉他天赋。晚餐是羊排和面包。作为节日的特别待遇，我们吃了水果罐头和咸菜，还喝了一大杯他们戏称的 *Ivan chai*（俄罗斯茶），也就是伏特加。

我们现在驶出戈壁沙漠，前往西北方向的布尔汗 – 布乌代山脉（Burkhan-Buuwdai Range）。之前去大戈壁公园的路上，我曾经过这座山。沿途有个贝格尔（Beger）小镇，小镇附近是乌尔特（Uert）山谷。阿玛尔赛纳的家人住在那座山谷里。他说那里有很多雪豹。我们从贝格尔往西开了约 10 公里，向南沿着渐进的冲积平原，来到山下。有一小段车道可以开进乌尔特山谷，然后我们就得步行了。我们几乎立即就发现了两只雪豹的足迹。它们从山坡上走下来，一直走到一棵白杨前。雪豹在那棵倾斜巨树的树皮上留下爪痕，距离地面 3 米多高。爪痕很多，说明这是经常使用的气味站。这对雪豹继续往山谷走去，走上陡峭的山坡。我沿着足迹，从海拔 2300 米的山谷来到 3600 米的山口。在山脊上走了一小段后，雪豹们下到另一个山谷里。那里有更多的足迹，但我不知道是否来自那两只动物。回到我们住的蒙古包时，我数到十几处刨坑，在巨石上发现两个气味站，并收集了四坨粪便。我还数

兔狲在蒙古分布广泛，但很少见，因拥有优质皮毛而遭到大量捕捉

到了 71 只北山羊。与干旱的戈壁不同，这里的山地草场上有旱獭。旱獭是雪豹在某些季节的重要猎物，不过眼下所有旱獭都在洞里冬眠，安然无恙。

我们接下来调查东边的巴彦赛尔山谷（Bayan Sair Valley）。山谷入口附近崎岖不平，不过山谷内部很开阔，两边是高耸的圆形山脊，脊线上凸起岩石露头。雪豹也来过这里。我还数到大约 240 只北山羊，其中一群有 80 只。我们在第三座山谷里发现一个新鲜的雪豹足迹、一些北山羊和若干蒙古包。一座蒙古包的墙上挂着新鲜的赤狐皮和兔狲皮，旁边还有一个抓捕雪豹的大型钢制兽夹。

我们计划在北部和西部的其他几座山脉调查几天，但我已经决定要在哪里开始调研项目。乌尔特和邻近的山谷里的雪豹及猎物种群相当可观，从阿尔泰机场到那里也很方便，而且阿玛尔赛纳的大家族住在那里，我们可能会得到合作和支持。

我们在1月中旬回到乌兰巴托，离开银光闪闪的山区，来到笼罩在有毒煤烟中的城市。我们完成了调查。我们和次仁德勒格讨论1990年的日程安排。从5月开始，计划安排两个月专门研究戈壁熊（见第二章）；从11月开始，安排两个月研究乌尔特山谷里的雪豹。关于设备、资金以及当地需要做的准备工作，我们也做了冗长的讨论。英国的一个电影公司，“盎格鲁幸存者”（Survival Anglia）希望拍摄雪豹项目，我们也讨论了这个问题。美国大使馆的西奥多·尼斯特（Theodore Nist）慷慨宴请我和蒙古同事。我们还到乌兰巴托的郊区短途旅行。我在那儿遇到一位带着三只活兔狲的蒙古人。兔狲要送去莫斯科动物园。他送给我一小瓶传统药物，可以改善我的健康。药物含有高山鼠属老鼠的粪便，泡在酒精里。我没有测试它的疗效。

专项研究，1990年

1990年10月29日，我回到乌兰巴托，准备到乌尔特山谷开展深入的雪豹研究。然而，又遇到习以为常的延期。无线电遥测设备还在大戈壁国家公园，棕熊正在冬眠，不需要这些设备。图拉嘎特把设备从戈壁带回来了吗？还没有。阿玛尔赛纳在乌兰巴托，同意参加另一个12月份的项目，我希望他到时候监听我们戴上无线电项圈的所有雪豹。拜安巴再次担任我们的翻译。我们飞往阿尔泰，与阿玛尔赛纳和司机策伦道尔吉会面，他俩从乌兰巴托开一辆吉普车过去。第二天晚，即11月7日，我们来到一片被厚雪覆盖的北极荒原。策伦道尔吉开错了道，他经常这样。我们被困在雪堆里，没有铲子。我们用旧汽车弹簧把车挖出来,开回阿尔泰。第二天，我们取道贝格尔镇，沿乌尔特河谷往上走，经过几座当地牧民的蒙古包，最后到达我们计划中的营地。有人许诺我，那里将有三座准备好的蒙古包迎接我们的到来。然而营地空空如也。摄制组和我儿子埃里克将很快来到这里，和我们一起工作。他们需要住的地方。我们返回贝格尔，跟说好帮助我们的官员普仁道尔吉（Purendorj）交涉。第二天，从阿尔泰运来两顶蒙古包，当地牧民热心地帮助我们搭建起来。11月11日，抵达蒙古两周后，我们有了一个原始的基地：两座蒙古包（其中一座有炉子），四个床垫，一个化冰的锅，还有一些其他物品。我们从牧民那里借来牲畜粪便当燃料，还要了一条羊腿当食物。

天气相当暖和，气温在零度上下。这下我就不那么担忧脚套弄伤雪豹的脚掌了。按照约定，应该已经备好几只充当诱饵的山羊，用来引诱雪豹进入摄制组的拍摄范围。眼下一只山羊都没买。不过一只雪豹及时配合，帮我们解决了问题。

11 月 12 日，阿玛尔赛纳和我走在前面，后面是策伦道尔吉和牧民阿玛尔。突然，策伦道尔吉向我跑来，一边朝山坡上挥动手臂，一边大喊："*iri bes*（雪豹）！"大约 60 米外一只雪豹一动不动地躺在巨石上。我之前完全没看到它。三位同伴的叫喊和指点惊扰了这只雄性雪豹。它蹲伏着向坡上移动，灰白相间的皮毛几乎隐形，像是一缕轻烟。我们去检查雪豹刚才待过的地方，发现一具雌性北山羊的尸体。雪豹在山坡上方不远处杀死了它，然后拖到这里。尸体尚有余温，只有下腹部的肉被吃掉了大约 450 克——我们显然是打扰了雪豹的早餐。

我们匆匆赶回营地，取来捕兽器和其他设备。北山羊重达 46 公斤，身上没有明显外伤。剖开咽喉部位可以看到血块，说明雪豹咬住它的颈部勒死了它。尸体附近有几棵粗壮的柳树，我们系住北山羊的一条腿，拴到一棵树上。然后，我们在北山羊的身体旁设置脚套，将脚套的钢缆固定到大块的废铁上，当作可移动的拖拽物。我们用小树枝搭起一点路障，希望能引导雪豹经由脚套上方走向北山羊。我回营地拿起睡袋，准备在北山羊近旁过夜，就像 1970 年我在巴基斯坦研究期间做的那样。我请阿玛尔赛纳第二天早上天亮后不久回到这里，最迟不超过 8 点钟。

第二天早上发生的事情，我在《第三极的馈赠》（*Tibet Wild*）中做了描述：

> 天刚蒙蒙亮，我小心翼翼地走近陷阱。柳枝路障已然解体，但我一时没看到其他异常。再细看时，在地处的树枝间，我发现了一团黑影——是那只雪豹。我在原地静候阿玛尔赛纳，雪豹和我都一动不动，就这样过了将近一个小时。我意识到我必须立即松开勒住雪豹的绳套，免得它的爪子受伤。我拿出注射器，装上名为“舒泰”的麻醉剂，再安装到一根 1.8 米长的特制铝杆顶端。接近雪豹时，我有些犹豫，担心它猛力挣扎伤到自己，或是对药物产生不良反应。雪豹依然蜷伏在那里，低声咆哮着，怒目而视。但是当我迅速出手，将针剂注入它的大腿时，它并没有动。五分钟后，它陷入沉睡。
>
> 我轻轻地把它从柳树丛中抱起来，紧抱住它暖烘烘、毛茸茸的身体，再放到地上。它的脚掌看上去就像是超小号的雪地靴，我一边赞叹，一边除掉绳索，并开始为它按摩，让被捆绑了一阵的脚掌恢复血液循环。它的毛摸上去手感极好，我伸手抚过它的身体和蓬松的尾巴。它身长约 1.8 米，尾巴占了近一半的长度。我将一根绳子系在它的胸部，挂到弹簧秤上。它的体重为 82.5

磅，不算很重，与成年母雪豹大致相当，而根据文献记载，公雪豹的体重可达到120磅。我给它带上无线电追踪项圈。9点15分，它低吼一声，醒了过来。我用一块布盖住它的眼睛，让它在黑暗中静静恢复，然后我退开一段距离，远远地通过望远镜紧盯着它，监测它的呼吸状况。10点40分，阿玛尔赛纳终于出现了。11点15分，雪豹摇摇晃晃地朝山上走去，途中几次停下，吃了一点积雪。

一切都很顺利，但不知何故，我并不感到欣喜。我们要收集的数据真的值得让动物如此紧张吗？它曾奋力挣脱，撕咬柳枝，抓刨地面。我感到很内疚。后来我爬上山坡，确认它是否已经完全恢复。我看到它沿着山脊的凸起缓慢移动，消失之前回头看了我一眼。整整四天，它都没有回到猎物旁边，尽管无线电信号显示它还在山脊上。

当我们放完雪豹回到营地时，普仁道尔吉带回来第三个蒙古包，还有保护人士次仁德勒格、摄制组和我儿子埃里克即将到来的好消息。就在同一天，我看到兀鹫在山谷上空盘旋。我过去查看，沿着两只雪豹的足迹找到了它们杀死的北山羊，一只四岁半的公羊。积雪很深，许多北山羊已经下到乌尔特山谷。我有一次随意的散步，就数到了9群共82只北山羊，包括27只公羊、35只母羊和20只幼崽。即将进入发情期的大公羊头顶上有着长长的犄角，银色的背部与深色的皮毛形成鲜明对比，白色的腹部边缘有一条黑色的条纹，令人印象深刻。可能至少会有 250 只北山羊陆续来到这座山谷，成为雪豹充足的猎物。

摄影师乔尔·本奈特（Joel Bennett）和他的妻子路易莎（Luisa）很快适应了营地生活，迫切希望开始拍摄。夫妻两人在阿拉斯加生活多年，习惯了艰苦的环境，适应力强，性格稳重。他们在蒙古包门上别了一面阿拉斯加的旗帜。而我很高兴有埃里克陪我一段时间。埃里克二十多岁，刚获得生物化学博士学位，正在休假。他还告诉我，他打算明年夏天结婚。戴上无线电项圈的公雪豹已经回到之前猎杀的北山羊旁边。乔尔在附近的山谷里搭起帐篷拍摄它。不过它仍然行踪隐秘，四天内吃了 21 公斤的肉和皮，却几乎没有现身。

我们在山沟里收听无线电信号。埃里克和我爬到近处。雪豹就在那儿，躺在石板上惬意地晒着太阳。它有时会抬起头来，面对着太阳，眼睛眯成一道缝。埃里克下山去提醒乔尔，后者用长镜头拍到了一些画面。

雪豹在这个地点停留了好几天，格外容忍我们的出现。一阵飓风般的狂风刮过山谷，撕掉蒙古包上的毛毡，弄得破烂不堪，把我们搅得心烦意乱。我们的牧民邻居前来帮忙修理。阿玛尔赛纳告知我们，他必须返回乌兰巴托。他对雪豹工作的任何方面都没有帮助，实际上，他大部分时间都探亲去了，所以他的离开对项目没有任何影响。拜安巴来到营地，我很高兴身边有了翻译，减轻我和次仁德勒格用蹩脚德语交流的烦恼。另一项重要工作是为项目制订未来的计划。我向次仁德勒格解释说，如果我不在这里的时候，没有蒙古同行追踪这些动物并收集其他数据，那么我给雪豹、戈壁熊和其他动物戴上无线电项圈是不道德的。我直言不讳地指出，在我看来，阿玛尔赛纳不适合做这项工作，我不会再尝试跟他合作了。次仁德勒格缄口不语：一位美国的团队成员认为某位工作人员没有全身心投入项目，这如何告诉科学院？然而，从我遇到的其他一些生物学家的态度来看，科学院很可能对这种抱怨习以为常。我当时感到不安，不知道这个项目能否继续下去。

埃里克和我决定监听那只戴了项圈的公雪豹，了解它每天活动的细节，连续监听 3 个 24 小时。山谷狭窄，现在每天只能晒到一个小时太阳。监听雪豹生活时，躺在温暖的睡袋里似乎是明智的选择。我们每隔 15 分钟监听一次，看它是否在活动。雪豹最近吃过东西，在我们监听的头两天，它大部分时间都在睡觉，只有 32% 的信号显示它是活动的。第三天晚 7 点，雪豹开始活动，持续到午夜，然后休息到凌晨 5 点，之后持续活动了 3 小时。这天它有 53% 的信号是活动的。和埃里克在帐篷里日夜监听来自雪豹的空洞的哔哔声，是那么的舒服和惬意，尽管到了第三天，我只想好好睡一觉。日复一日，这只雪豹一直待在乌尔特山谷周围，偶尔会游荡到毗邻的沙尔哈达（Shar Hadny）流域。它的活动范围只有 12 平

埃里克·夏勒在阿尔泰山寻找雪豹

方公里，我怀疑部分原因是我们偶尔给它提供羊肉。

一名当地的妇女坚持反对我们把山羊送给雪豹，说我们在训练雪豹杀死她的牲畜。山谷里至少还有四只雪豹。毫无疑问，这些雪豹都在捕食牲畜。散放的狗也会杀死牲畜，但通常归咎于狼和雪豹。1990 年有 5 个家庭住在山谷里，共有 1870 只绵羊和山羊、64 匹马、47 头牦牛和 21 头骆驼。这一年雪豹杀死了 11 只绵羊和山羊（0.6%）、6 匹马（9%）和 5 头牦牛（11%），没有骆驼遇害。除了绵羊和山羊，其他牲畜都自由漫游，无人看管。顺带说一句，蒙古人跟藏族人不同，不吃捕食者杀死的动物。比如，一头三岁的牦牛遭到雪豹袭击，伤口感染，几天后死在山谷里。路过的雪豹吃了点肩部和颈部的肉，留下一个刨坑表明自己来过，但没有其他食腐动物前来。

我想这只公雪豹开始接受我们了。几天来，它一直睡在两块巨石之间的岩缝中。它在那儿晒太阳，或者下午才出现，让乔尔有机会拍摄。雪豹家域重叠程度相当大。在我们的山谷里，我们知道有一只带一只大幼崽的母雪豹、另一只带两只大幼崽的母雪豹和两只公雪豹，还有一只性别未知的成年雪豹。

埃里克报告丢了一只山羊。我们去现场调查。乔尔刚架起摄像机，一只母雪豹正好在上方阳光照耀的山坡上漫步。它停下脚步，闲暇地打量我们。乔尔在取景器里找不到雪豹，焦急地询问："它在哪儿？我看不见！"不过他后来还是拍了一些母雪豹的镜头。"这是我做过的最难的拍摄工作。"他指出。

我们缓慢而坚持不懈地收集关于这些雪豹的有用信息。从 11 月 12 日至 12 月 22 日，我们的公雪豹大约吃了 61 公斤的肉、内脏和皮，平均每天 1.7 公斤。对这种体形的猫科动物来说，差不多是平均水平。我们在山谷里工作了 46 天，有 10 天都在观察那只公雪豹，总共观察了 22.5 小时，还有 36 天收听到它的无线电信号。这些数据没有揭示的是，我多么享受在阳光与积雪交相辉映的山地里攀爬，也没有揭示我能够观察到一只自在的雪豹，它白色的胸部在地衣覆被的巨石间闪闪发光。

一只雪豹躺在一块岩石上，观察它的领地

随着苏联的退出，这个国家正在解体，我们的项目也在解体。不给点好处就几乎买不到汽油。因为粗暴驾驶、缺乏备件，加上维护糟糕，我们的车也快散架了。拜安巴想返回乌兰巴托，也许是因为他认为乌尔特山谷里有魔鬼，一个穿着白衣的巨大魔鬼。他告诉我们，在20世纪70年代，山谷里有一个狩猎营地，一个骑马的人看到魔鬼，很快就死了。一位当地官员来到山谷里，谎称我们必须向他支付拍摄和研究费用。

我们的圣诞庆祝活动很低调，晚餐是烤羊肉和土豆。阿

雪豹浑然融入它们的岩石王国

玛尔和他的两个孩子也来了，为我们增添了一点欢乐。我分发了一些小礼物，给拜安巴一双袜子，给埃里克一条围巾，还给了孩子们气球。乔尔拍了几个镜头——阿玛尔和我聊天，我检查雪豹的足迹。但我们都知道，乔尔没有拍到足够好的镜头，做不了片子，他明年冬天必须再来一趟——而我有义务帮助他。似乎不太可能有蒙古人愿意监听那只公雪豹，这个想法让我很沮丧，当地人对这个项目缺乏奉献精神。我们都很高兴能离开这座不见天日的寒冷山谷。

回到乌兰巴托，我们硬着头皮参加会议，更多的会议，讨论实际支出了多少钱（重复开票是普遍现象），以及购买更多设备需要多少钱。食物极度匮乏。让我们高兴的是，埃里克在商店发现了几罐花生米。酒店提供温热的米饭，还有跟蛞蝓一样软的薯条。不过，我的确见到了国家自然和环境部的赞巴·巴特吉日嘎拉（Zamba Batjargal）。我很高兴，他是真正了解并且关心保护问题的官员。

1991 年 1 月 7 日，埃里克和我飞往北京。埃里克接着返回美国，我飞往布鲁塞尔跟凯会合。我们将一起重访卢旺达的山地大猩猩。

1992 年

几乎两年后，1992 年 9 月 29 日，我们在北京与团队会合，前往蒙古继续开展雪豹项目。团队成员一共四人：乔尔·本奈特和他的同事海登·卡顿（Hayden Kaden），他们要去蒙古完成雪豹纪录片；生物学家汤姆·麦卡锡，渴望加入雪豹项目，也渴望研究蒙古其他动物；还有我，这次主要是协助拍摄。在北京的机场办理登机手续时，有人从行李车上偷了汤姆的腰包。幸运的是，他已经取走护照。蒙古航空柜台（MIAT）期待我们给行李托运交点非正规的"补偿"。然而我们对此一无所知，结果是落地乌兰巴托时才发现我们的行李没有上飞机。四天后，一架货机带来成吨的失踪行李。机组人员没有卸货，而是直接打开货舱门，一群人冲到跑道上，爬上飞机。行李被四处乱扔，每个人都在翻找自己的行李。我们终于拿回了自己的行李。

蒙古国燃料短缺严重，政府取消了大部分国内航班。从乌兰巴托到阿尔泰，原来每天都有航班，现在一周只有一班。次仁德勒格告诉我们，乔尔的皮卡出了不明原因的事故（实际上，我们怀疑是司机私下出售食品谋利时喝醉了），严重受损。我的俄罗斯吉普车也莫名其妙地“坏了”，次仁德勒格说，用的是德语单词。官方要求他给我们找个蒙古同行，他没找到。我们还见了阿日瓦丹·图拉嘎特，大戈壁公园的生物学家。他之前一直很乐于助人，同意监听佩戴无线电项圈的戈壁熊。他大摇大摆地走进房间，不愿意提供信息。结果是，他获得的资料很少，过去几个月他只在公园里待了六个星期。部分原因无疑是搞不到汽油，但我怀疑主要是懒惰。我们要求把遥测设备还给我们，因为我们后面会需要，但大部分设备留在了大戈壁公园。如此开场一点都不吉利，不过至少汤姆可以了解紧张时期在蒙古开展研究是什么情形。10 月 5 日，飞往阿尔泰的航班如期起飞，但拥挤不堪，三个人挤在两个座位上。天气寒冷，酒店没有暖气。粮食仍然严重短缺，我们能吃到羊肉和土豆已经很幸运。国有商店里的食物是定额的，比如每人每月只能买 800 克的肉。“自由”市场上的食物比国有商店里的更贵。一公斤羊肉可能要 60 图格里克，而普通工人每月只赚 800 图格里克（4 美元）。

我们的司机报酬丰厚，每天的收入相当于两美元。

大约三年前，小镇边缘修建了一座小寺院。我们拜访寺院，为我们的项目接受祝福。那里住着十名僧人。他们在简陋的房间里诵经，房间里有一个小神龛、一个教义卷轴和几盏燃烧的酥油灯。前面提到，20 世纪 30 年代，蒙古大多数寺院及其经藏遭到摧毁，僧侣要么被谋杀，要么被驱散。直到最近才重新修起小寺院，年长的僧人也逐渐重操旧业。这里的住持僧人那木萨拉（Namsaraa）74 岁了，他个子不高，戴着眼镜，穿着红袍，表情茫然。我送给他一条深蓝色的哈达，还有 4000 图格里克。他用两本圣书碰触我的头部，还送给我们每人一份手写的经幡。

10 月 8 日，我们终于到达乌尔特山谷。阿玛尔已经把我们的蒙古包搭好，每座都有炉子。七个陷阱很快就设置好了。我们希望能下雪，把北山羊和雪豹赶下山谷来。眼下最显眼的野生动物是长着毛茸茸尾巴的灰褐色仓鼠。它们在蒙古包里跑进跑出，从我们的储藏室里掠夺大米，晚上存到我的靴子里。我每天都到山谷里去，孤身一人或者跟同事一起，爬上爬下检查陷阱。还给拴在外面的三只山羊送水和干草，以吸引雪豹。次仁德勒格开车去大戈壁公园取回我们的遥测设备。在这个季节穿越白雪覆盖的山口，真是艰巨的旅程。

大雪绵绵不绝，很快雪深过膝，我们艰难跋涉，清理和重新设置陷阱。北山羊也离开了高耸的山脊。但是雪豹在哪里？我们在巴西研究美洲豹的时候，当地农场主就曾杀害美洲豹，逼停项目，因为我们可能干涉了他的非法活动。蒙古这里的当地人为了把我们赶走，也会杀害雪豹吗？一天早晨，我在山坡上看到一只胡兀鹫和几只乌鸦。雪豹杀死了一只一龄的雌性北山羊，把肉吃干净，然后销声匿迹。另一天早晨，我跟踪一只雪豹的足迹，它从陷阱旁6米处走过。除了等待，我们什么也做不了。附近一名牧民嫁女，给我们送来饼和伏特加（魔药牌）做礼物，以示睦邻。我们带了一台短波收音机，每天收听美国大选新闻，关注比尔·克林顿。就这么等待时日。

10月27日。我看到走在前面的人向我挥手。他们在一只快被吃光的山羊尸体旁。周围有三只雪豹的脚印，一只母雪豹和两只大幼崽。山坡上有一只被套住的雪豹，拖拽配重卡在一块岩石上。它是其中一只大幼崽，雌性，体重可能有27公斤。阿玛尔跪在地上，面朝雪豹，双手合十祈祷，以额触地，向山神致敬。我慢慢走到离雪豹3米以内的地方。雪豹咆哮着，耳朵向后张开，粗大的犬齿闪闪发光。汤姆走到它身后，将注射器的针头刺进它的肩膀。很快，它舔了舔嘴唇，15分钟内就睡着了。现在是上午10点55分。山坡很陡，我们担心它苏醒后翻下坡来。我抱起它的胸部，阿玛尔抱着它的后腿，一路跌跌撞撞把它抬到谷底。我们给它按摩脚掌，促进血液循环，给它戴上无线电项圈。乔尔拍摄了整个过程。11点45分，雪豹抬起头，走了几步又躺下了。最后，下午1点45分，它稳步上坡，在岩石檐下安顿下来，我只能看见它长长的尾巴。

我大大松了一口气，一切都很顺利，乔尔和海登也拍到了合适的镜头。我在这里的工作已经完成。汤姆将再待三个星期，监听雪豹。我们其他人计划驾车向东穿过戈壁沙漠，去检查几个野生动物区。次仁德勒格开走了皮卡，我们必须等他回来。10月28日，汤姆爬上一道山脊，遇到了我们戴无线电项圈的母雪豹。第二天，它和同胞一起出现在山羊尸体旁。它们找到了彼此！我们收起所有的陷阱，雪豹项目这部分完成了。

11月1日，我们收拾好行李准备离开，阿玛尔邀请我们所有人到他的蒙古包里吃午饭。“你让我们看到雪豹如何重要，”他敬祝道，“我们将尽最大努力让它留下。”阿玛尔全家挤在蒙古包前，盛装打扮，身着天蓝色、红色或黑色的蒙古袍。他们都在挥手，呼唤巴雅尔台、巴雅尔台，“再会”。一段美好的回忆。

我们于11月18日抵达乌兰巴托，松了一口气。车辆不断出问题，我们在东部的调查因此受阻。次仁德勒格开了一家小旅馆，叫白嘎勒（Baigal）。我在那儿洗了个澡，10月4日以来的第一次。我订好了11月23日飞往北京的机票。但蒙古给我们留了个惊喜。

11月21日上午，乔尔和海登计划飞往北京那天，他们把许多行李搬到酒店门口，海登守在那里，等待姗姗来迟的汽车把他们送到机场。汽车终于在 8 点 30 分到达，乔尔和海登发现有两个包不见了，其中一个装有两个月的心血，全长超过 1700 米的电影胶片。一番疯狂搜寻也一无所获。我们努力回想胶片消失那半小时发生了什么。我们把警察叫来调查。乔尔做了电视采访，也在电台广播悬赏五百美元找回那两个包，恳请不要打开包裹或曝光胶片。我在酒店附近徘徊，寻找垃圾桶、隐蔽的角落、走廊和住宅区的空房间，以防袋子被扔在附近，但只在一个房间找到一条死狗。次仁德勒格咨询了算命先生，被告知："不用找。它会来找你的。"

预言成真。第二天，酒店经理通知我们有人找。来客是灰色头发的蒙古人，戴着毛皮帽子，紫色围巾。他名叫达木丁。达木丁带来一件粗塑料袋裹着的行李。他打开行李，里面是乔尔的黑色暗袋，装满所有的胶片和录音带；只有他的相机不见了。达木丁说，他在路边发现了这个包裹，真是难以置信。没有关系。乔尔跪在地上检查包裹，热泪盈眶。包裹里面甚至还有海登的书《黄金雨》(*Rain of Gold*)，书名恰如其分。乔尔给了达木丁赏金，价值 100000 图格里克；达木丁的退休金是每月 1500 图格里克。

我买了两瓶红葡萄酒，这是乔尔喜欢的颜色，晚上我们一起庆祝。

两天后，所有人飞往北京。我满意地离开了，不过来年我还会回来，到广阔的东部大草原观察蒙原羚。

第四章

与外国的关系

苏联几乎从零开始，在蒙古建立了迷你版苏联。不仅有工业企业和畜牧业合作社，还有乌兰巴托市中心、达尔汗（Darkhan）和额尔德内特（Erdenet）这样的市政建设，再加上学校和医院、商店和公寓、公共汽车、货车和飞机、电影院、广播和电视。一个完整的社会主义国家，还有苏维埃式的政党机构和议会来管理事务。

欧勒·布隆和欧勒·奥德嘉德（Ole Bruun & Ole Odgaard）编，《转型中的蒙古》（1996 年）

1991年12月25日，米哈伊尔·戈尔巴乔夫宣布“苏维埃社会主义共和国联盟解体”，这使得蒙古进一步深陷两年前开始的动荡。俄罗斯要求蒙古偿还巨额债务，而蒙古无力偿付。大多数苏联顾问于1991年离开该国，到1992年，所有苏联军队都离开了。蒙古经济依赖苏联领导的经济互助委员会的成员资格，因此，苏联的撤出产生了破坏性的影响。从指令性经济到市场经济、从一党专政到民主制度的过渡造成了行政混乱、从食品到燃料的严重短缺、高通货膨胀和失业，以及无数其他问题。被苏联视为二等公民几十年后，蒙古人突然发现自己被解雇和忽视了。他们理所当然地表现出新的民族主义和对其古老历史的自豪感。任何俄罗斯的东西都遭到唾弃。

然而，随着苏联人的离开，新的机构涌入蒙古，如世界银行、联合国开发计划署（UNDP）和德国、荷兰、丹麦等其他国家的援助项目，以及许多来自欧洲和北美的非政府组织。每个组织都配备了领高薪的工作人员，大多数人不会说蒙古语或俄语。几乎没有工作人员深入了解蒙古及其迫切需求,这种无知使他们难以有效使用其机构的发展资金。反过来,蒙古也被各种项目和资金所淹没。政府没有能力应对几十个非政府组织,更不用说提供翻译和训练有素的本国人员来对接外国顾问。(除了法律要求,这些对接人员是外国组织和政府之间的重要中间人。)突然间,这个国家又一次受制于外来的价值体系。

1993 年,我成为这些外来“暴徒”中的一员,为期两个月;1994 年再次造访,因为以前在蒙古调查野生动物的经验,我应邀协助 UNDP 的一个项目,该项目由全球环境基金(GEF)资助。这是我第一次直接参与大型捐赠机构的工作,我发现它很有启发性。几十年来,我一直为开展野外调查争取小额资助,但在印度和非洲各国工作时,我听到了一些关于大型项目有效性(或缺乏有效性)的闲言碎语。

1993 年

1993 年 6 月 30 日,UNDP 项目参与者介绍会在蒙古自然和环境部开幕,部长赞巴·巴特贾尔格用时十分钟,宣读了欢迎词——尽管一些被邀请的参与者还没有到达,因为项目启动日期被唐突地修改了多次。巴特贾尔格讲话后,项目负责人沃尔特·帕尔默(Walter Palmer)致辞。帕尔默四十岁上下,中等身材,他双腿分开站住,大拇指勾住裤兜,好像准备指挥一个排的军队。他告诉我们，这个项目有三百万美元的预算，分为七个部分，涉及生物多样性和人类生计。我们每个人将领到一部分，三天内提交一份详细的行动计划，包括预算。三天？人们疑惑地沉默着。制订一份详尽的计划需要很多天，甚至几周的时间；我们必须考察和评估我们分配到的项目地点，收集相关信息，才能有坚实的行动和管理建议。此外，到目前为止，UNDP 还没有与蒙古政府各部门协调该计划,也没有指定翻译和当地与我们对接的人员。自然，大家提出了很多问题，但都被以一种防御性和不耐烦的方式搪塞过去了。我被分配到保护区规划和濒危物种保护项目。随后几天的会议，让我们明确意识到有效运作该项目有多困难。立刻涌现的问题是，项目的重复性。UNDP 正推动一个生态旅游项目，但在蒙古的其他几个组织也在做。来自荷兰的彼得・格默拉德（Pieter Germeraad）管理着一个重新引入普氏野马的项目。这种野马几十年前在野外灭绝，但有部分幸存在人工圈养环境中。然而，另外两个野马重引入项目也在推动中。然后我还发现，UNDP 不给我们的蒙古同事发日津贴，那是应该收到的野外工作津贴，如果他们为政府工作的话。大多数蒙古同事以某种方式受雇于政府，他们实际上在为 UNDP 无偿工作。我感到非常愤怒。当时政府雇员的工资非常低，通常是每天两美元左右。有些人不得不兼职做点买卖，在中国购买货物，然后在蒙古或俄罗斯出售，赚取少量利润养家糊口。UNDP的做派自然会引起人们强烈的反感，不情愿跟我们这些外国人合作或提供过去的研究资料。每个蒙古人都很清楚，UNDP给外国人的日津贴比政府的月薪高出两倍甚至更多。我们代表我们的蒙古同事极力反对，几个星期后，UNDP才给他们发放了少量津贴。

我们几个兴趣相投的外国人聚在一起，商量怎么从这个官僚主义的泥潭中至少拯救一些东西。汤姆·麦卡锡，前一年研究雪豹的同事，也在这里。他跟UNDP有一份研究协议，但在没有任何解释的情况下，项目期被缩短了。官方对这件事和其他类似突变的解释是，"这只是一个协议"，毫无用处。两位年轻而热情的项目人员，杰夫·格里芬（Jeff Griffin）和马克·约翰斯塔德（Mark Johnstad），成了我们在城里和野外的伙伴。在世界野生动物基金会（WWF）工作的德国人亨利·米克斯（Henry Mix）也一样。能说流利英语和德语的帕雷沙夫·苏夫德（Pareshav Suvd）给了我们很多宝贵的帮助和建议。我还见到了森林和野生动物所的S.阿木嘎兰巴特尔（S. Amgalanbaatar），人称"阿木嘎"（Amga），他致力于研究盘羊。我们很快就一起开展野外考察。科学院的原羚生物学家巴达玛扎布·勒哈格瓦苏伦［Badamjavin Lhagvasuren，简称"拉瓦"（Lhagva）］也成为一位重要的同事。他高大健壮，名片上写着"自行车环游世界之旅"。慢慢地，我们建立了一个野外团队。但我们还必须与负责蒙古自然保护区的查吉德

（Tsaniid）打交道。查尼德身材魁梧，面色红润，常在我们开会时打瞌睡。我向他提到，我们的团队将到访东部草原，探索潜在的新保护区。他睡眼惺忪地看着我，说他不希望我去；他已经有足够的保护区，而且反正他们会在所有的保护区中钻探石油和天然气，令我扼腕叹息。

我们的调查需要一些基本物品，例如地图。在土地政策研究所，他们用铅笔在纸巾上手绘地图。在地理研究所，他们开价 30 美元，向我们出售薄薄的但很有用的蒙古资源地图册。后来我发现这本地图册在书店售价 10 美元。所有这些费用都必须我们自己掏钱，因为 UNDP 声称它的预算很紧张。幸运的是，一个由俄罗斯科学家组成的科考队刚刚返回乌兰巴托。科考队里有安娜·鲁什切金娜［Anna Lushchekina，简称"安雅"（Anya）］，她自 1975 年以来一直在研究蒙原羚。我们很快发现，俄罗斯科考队有各种能即刻帮到我们的东西，包括蒙古所有地区的精美地图。他们还为大戈壁国家公园制订了详细的管理计划，这样我们就不必制订新的计划，只需更新他们的计划就可以。

从酒店到自然和环境部开会，往返我们都没有交通工具。我们可以乘坐公共汽车，或者挥手拦下私家车，大喊"嚁——嚁——"，也就是"停——停——"。或者我们可以步行。所有方法都很危险，尤其是独自一人或在夜间的时候。有一天晚上，汤姆被 7 个年轻壮汉包围了，对方礼貌地要求他交出现金、太阳镜和其他物品。蒙古环境与自然协会的加齐勒·次仁德勒格，我最喜欢的同事之一，帮了我们大忙，开车接送我们开会。

我的一些蒙古同事对整个 UNDP 的情况表现出明显的恼怒和不满。他们再一次被迫处于乞求者的位置，不是对斯大林主义的政治制度，就是对掌握钱袋的西方富人。许多人的反应是腐败，牺牲他们的道德资源，放弃他们的诚信。甚至我的一些同事也向我开出双份账单，要求支付不存在的费用，编造对他们有利的汇率，或其他类似的不端行为。我感到很难过，来到这里的喜悦也减少了。

那达慕，一年一度的夏日庆典。自 1921 年 6 月 11 日蒙古独立以来，72 年了，蒙古人会连续几天庆祝独立周年纪念。我们的会议已经暂停，所以我去体育场参加了开幕式。体育场有一半是空的，尽管英国的安妮公主也在现场，她身穿绿色衣服，头戴白色帽子。太阳很热。乐队奏乐，体育比赛的运动员步入会场。比赛项目包括射箭，以及袒胸露乳的摔跤手彼此周旋，互相拍打手臂，像是昏昏欲睡的鸟儿扇动翅膀。人群默不作声，在这个压抑的时代里缺乏生气，我提前离开了。终于，7 月 14 日，在乌兰巴托待了两个星期后，杰夫、阿木嘎、一位名叫苏米亚（Sumiya）的水文学家和我飞往乔巴山，考察东部草原。乔巴山让我感到沮丧，灰色公寓楼区现在仅剩空壳，苏联人一离开，蒙古人就在复仇、民族主义、冲动和贪婪的驱动下疯狂破坏，把它们洗劫一空。当地狩猎协会的甘巴特尔将一辆车和司机麦格玛（Myagmar）租给我们。我们还拿到一些配给券，能够购买汽油。在一家食品店，只有大米、看起来和吃起来都像锯末的饼干，以及从朝鲜进口的黄瓜罐头。萎靡不振的店员守着几乎全空的货架。不过，在附近的一个农贸市场上，我们找到一些洋葱。驶过镇边被拆毁的苏联军事基地后，我们终于来到开阔的草原上，我的情绪也随之高涨。

牧民家庭一如既往地热情好客。我们在一个蒙古包前停下来询问情况，主人邀请我们进去喝杯茶，吃点干奶酪。我注意到，几乎所有散布在草原上的柴油水泵都被毁坏了，机器被砸坏或偷走。这些水井对牧民家庭和牲畜至关重要，尤其是在周期性到来的旱季。我向主人问起此事。他凄凉地答道："苏联人建造了它们。现在它们不属于任何人。"他是对的。随着蒙古的社会主义遭遇困局，公有财产的私有化进程混乱不堪。赞巴·巴特贾加尔在《脆弱的环境、弱势群体和敏感的社会》（*Fragile Environment, Vulnerable People and Sensitive Society*，2007年）一书中细致入微地指出，"几乎所有的水坝和其他用于灌溉牧场、耕地的设施，以及成千上万的水井、家畜的圈舍和围栏都失去了所有权和妥善管理"。由于缺乏明确的土地所有权，政府对畜牧生产和牧场使用规则的控制也停止了。此外，国有牧场和合作社为牧民家庭提供重要的社会服务，如医疗保健、教育和交通，政府也免除了这些责任。

在 J. M. 萨蒂和 S. G. 雷诺兹（J. M. Suttie & S. G. Reynolds）2003 年汇编的《温带亚洲的游牧系统》(*Transhumant Grazing System in Temperate Asia*）中，有一篇文章指出，没有土地权属规则，“每片草场都成为当地个人之间和牧民群体内部纠纷的焦点”。在所谓的民主制度下，所有人都觉得自己是平等的，可以随心所欲，即使所作所为会给自己带来伤害，比如砸坏水泵。一位蒙古人对我说，他的同胞“想做什么就做什么，想什么时候做就什么时候做”。这些举动是出于道德信念，还是为破坏公共财物找理由？我不知道他们是如何将这种行为合理化的，当然也不理解。但是极端主义会自我强化；人们对彼此的不满做出反应。而且，大多数人都倾向于为自己的方便而调整道德价值观。

流动性是确保牲畜和牧场可持续的主要放牧策略。在蒙古东部草原，牧民传统上每年都要迁移七八次，给牲畜提供营养丰富的草料，确保牲畜储存充足的脂肪，度过漫长而凋敝的冬季和春季。制度法规的崩溃导致许多牧民放弃了他们的传统方式，造成牧场过度放牧和荒漠化。特别是在城镇附近，这些天牧民往往聚集在那里。许多牧民为了躲避旧制度的管制而搬到城镇，现在他们又回到草原上，往往是为了饲养山羊，因为山羊绒在国际市场上能卖出高价。没有了管制，牲畜数量激增。1924 年蒙古独立时估计有 1400 万头牲畜，1992 年苏联人离开时约有 2600 万头。到 2017 年，“牲畜数量超过 7000 万头”，如温达玛·贾姆斯兰（Undarmaa Jamsran）、田村谦治（Kenji Tamura）、纳萨格多尔吉·卢夫桑（Natsagdorj Luvsan）和山中典和（Norikazu Yamanaka）编辑的精湛报告《蒙古草原生态系统》中所述。伴随着牲畜数量不断增加的成功到来的是它们最终的毁灭。草场退化是蒙古的严重问题，蒙古人需要在草场和牲畜之间重新建立平衡。如果像 1993 年那样，牲畜所有权是私人的，而草场是公共的，那么牧民就没有动力去管理和改善或可持续地使用草场。土地使用权改革势在必行。

我们到达马塔德镇（Matad）。这里有 240 户人家，没有电。当地野生动物管理员无法跟我们见面，因为他喝醉了。一位官员来到我们住宿的小旅馆门口，警告我们要小心。镇上唯一的警察最近遭到当地帮派的殴打。我们在烛光下吃晚餐，面条和羊肉。我们的司机麦格玛拆掉了车门的把手，使它更难被偷。现在他要把车开到草原的深处，睡在车里，防止它在镇上遭到破坏。

接下来的几天里，我们继续开车穿越大草原。许多蒙原羚从我们身边逃走，它们成群结队，一群有 500 只甚至更多。我注意到现在刚过了繁殖季，大约三分之二的母原羚带着小原羚，这是一个繁盛的年份。大草原再次占据我的心，我想在清澈的天空下大步走过辽阔的美景，走向地平线。我们继续前进，记录了一个洞穴里的四只狼崽、几只大鸨、沼泽地里优雅的白枕鹤，以及其他转瞬即逝的景象。我们绕了一个大圈，朝乔巴山方向驶去。在一个镇上，我们想要购买汽油。“巴克瓦”（*bakwa*），没有。现在我们必须返回。7 月 24 日，我们回到乔巴山，准备继续前往乌兰巴托。

俄罗斯科考队邀请我加入他们的戈壁调查，我欣然接受。科考队在乌兰巴托留了两辆巨大的嘎斯 66 卡车（高尔基汽车厂生产），等待他们返回。在此期间，车胎和备胎都已经被盗。我们乘坐两辆卡车和一辆吉普车出发，总共十五人，包括三名俄罗斯司机。原羚专家安雅是指定的领队，尽管实际负责的是俄罗斯科学院的彼得 · 古宁（Peter Gunin）。来自俄罗斯科学院的还有研究景观和地形的地貌学家阿纳托利 · 普雷舍帕（Anatoly Preschepa）和植物学家尼古拉 · 斯莱米涅夫（Nikolai Sleminev）。灰头发的米哈伊尔 · 萨姆索诺夫（Mikhail Samsonov）凭借出色的英语，成为那些不太说俄语或英语的人的翻译。杰夫 · 格里芬（Jeff Griffin）和我是美国人，后来美国鱼类和野生动物管理局的史蒂夫 · 科尔（Steve Kohl）也曾短暂加入。英国人约翰 · 黑尔（John Hare）高大、瘦削，在联合国环境规划署工作。他是野骆驼的狂热爱好者，之后将在中国的沙漠中调查这些动物。团队中还有几位蒙古人，除了阿木嘎，还有萨兰图雅（Sarantuya）和达舍维格（Dashzeveg），他俩都是科学院的研究生。这是一个庞大、有趣和多样的团队。

赛音山达镇上仅余空壳的俄式公寓楼和被损坏的列宁像

我们离开乌兰巴托，驶向大戈壁公园的总部巴彦托欧若。傍晚时分，我们把车停在路边，在一片草地上安营扎寨。俄罗斯科考队以惊人的效率组织了一切。几张篷布铺在地上，睡具放在一张篷布上，个人装备放在第二张篷布上，食物箱放在第三张上，所有这些设备都可以从一辆卡车的后斗中方便地拿到。我们的第一个任务是搭建带有桌椅的大型厨房帐篷。两名队员被指定为厨师，为我们提供土豆汤和面包。坐在桌子周围，俄罗斯人在唱歌，米哈伊尔用他低沉的男中音献唱。他们看起来有些恍惚，歌曲中充满对“我亲爱的莫斯科”和“我亲爱的国家”的思念之情。安雅命令我们在晚上 11 点睡觉。我们都搭好了个人帐篷。她说，明天早上我们将清理营地。“不能留下任何东西，哪怕是一个烟头。”我很欣赏这样的细致考虑。第二天下午晚些时候，我们到达图雅河（Tuuya River）。图雅河流入一弯浅湖，奥罗格努尔（Orog Nuur）。通常情况下，这条河是干涸的，或者只是涓涓细流。但今天我们面对的是沿着几条河道奔腾的乳褐色洪水。去年戈壁雨水充沛，但今年的雨量是自 1938 年以来最大的。两辆卡车在引擎盖那么深的河水中试图到达对岸历历在望的城镇。我认识其中一个司机。他告诉我，他们在这里待了三天了，镇上的人说缺少柴油，拒绝用拖拉机拉他们出来。我猜想，镇上的柴油是充足的，但要付出代价。我给了司机七美元，第二天拖拉机突然就可以用了。

早上，我们的团队在河岸上排成一排，把卵石扔进水里估测河水的深度。我迫不及待地涉水，和约翰·黑尔一起寻找合适的渡口。除了一条深沟外，没有任何问题。我们找到一条好路线，水深只到我们腰部，河底相当坚固。我们向第一辆卡车招手，指出准确的路线。不知道司机心里是怎么想的，他严重地偏离了路线，钻进一个深坑。水淹到引擎盖的顶部和车厢内。彼得、安雅、达舍维格和司机爬上卡车车顶。幸运的是，另一辆卡车将被淹没的卡车成功拉了出来。几个食物箱泡了水，糖、面条、饼干和麦片变成了一摊烂泥。

这条路通向戈壁沙漠。雨水将它从单调的灰色和棕色变成一片闪亮的绿色。植物学家尼古拉欣喜若狂。他指着红砂属（*Reaumuria*）灌木的一株幼苗说，他最后一次看到这种植物是在 1978 年。盐肤木灌木梭梭（*Haloxylon*）也长出了小苗。种子可能休眠多年，等待雨水。尼古拉向我们展示驼蹄瓣属（*Zygophyllum*）植物肥厚的叶子，并指出它们可用于治疗某些肝脏疾病；他还指着麻黄属（*Ephedra*）植物的绿色小枝说，它们可以终止妊娠。这里有大片的野葱，我们采集了一些来给饭菜调味。

我们终于到达巴彦托欧若。这个地名的含义是“盛产杨树”，被雨水淋透的杨树呈现出我从未见过的层次丰富的深绿色。大戈壁公园新任主任阿尤尔赞亚·阿夫雷特（Ayurzanya Avirmed）前来迎接我们。我们被告知，他生性不稳且反复无常。他对俄罗斯科考队成员明显非常冷淡，无礼地拒绝说俄语，尽管他非常熟悉这门语言。蒙古人告诉我，在另一次会议上，他宣布“现在的工作用语是英语”。他的态度给翻译增加了负担，造成了紧张，并降低了亲切感。

我曾计划检查驯养的野骆驼，确定公园有没有按照我们的建议，将野骆驼和家养骆驼完全分开，避免进一步的杂交。阿夫雷特回答我的问题时支支吾吾。怀疑之余，我在周围悄悄溜达。有六只狼被关在一个小小的、肮脏的圈舍里。我发现这些狼会被杀死，人们还会研究怎么用狼舌治疗胃癌。

我还注意到，骆驼并没有被分开；对野骆驼的管理和以前一样不上心。

我们进入公园，平稳行驶，经过一路风景。我们今晚的目的地是沙尔库拉斯绿洲，在我的帐篷曾经所在的地点扎营。野生动物管护员琼军（Choijun）和我们在一起。他以前在戈壁熊项目中跟我合作过。现在，我们在绿洲周围漫步，寻找戈壁熊的粪便。由于有这些绿色植物，公园工作人员今年没有给熊投喂牲畜的饲料。我们发现几颗含有紫色白刺属（*Nitraria*）浆果和绿草的粪便。通过取食这样的浆果，戈壁熊无疑在通过它们的粪便将种子传播到新的绿洲。从绿洲继续前进，路线把我们向南带到中国边境。野骆驼在哪里？我们只发现一小群野骆驼的足迹。这些野骆驼一定是聚集在公园的西部。但我们的路线转向东北方向，前往一个小社区额尔金戈尔（Ekhin Gol）。额尔金戈尔由大约二十个蒙古包、几个营房和一个小旅馆组成。令我惊讶的是，我们与一支探险队相遇。那支探险队里有一位年长的俄罗斯植物学家，来自圣彼得堡的塔玛拉·卡赞采娃（Tamara Kazantseva）。团聚的气氛很热烈。宰杀烹煮了一只山羊，敬酒和伤感的歌曲一直持续到晚上。后来，我们休息了一天。

萨兰图雅和我在厨房值班。午餐是吃剩的羊肉和土豆、胡萝卜汤。当地的一名野生动物管护员泽库（Zekhuu）加入我们。他时年68岁，一辈子都是在这里度过的。我向他询问野生动物的情况。他说，20 世纪 40 年代，这个地区有很多戈壁熊，但自 1989 年以来，只见过一只。自 80 年代开始出现严重干旱以来，野生动物大为减少。额尔金戈尔地区和其他地方的各种泉水已经干涸。我俩都希望，所有的绿洲都能在目前的大雨中恢复生机。

我现在期待一次向东穿越戈壁的悠闲旅行，察看山谷和山脉中的野生动物，评估可能建立保护区的地点。但我们一直在路上轰鸣前行，一公里又一公里，只是偶尔停下来。东边与大戈壁公园相邻的是托斯特山自然保护区，由一系列岩石山脉和宽阔的山谷组成。当我们驶入其中一座山谷时，我又饶有兴趣地环顾四周。1989 年，我曾在这里发现雪豹的踪迹。我们继续平稳前进。安雅和我向彼得·古宁抱怨，我们甚至都不能停下来数数偶尔出现的原羚群。指定我们调查的主要区域在达兰扎德市（Dalanzadgad）以东，而我们完全绕过这个区域，于 8 月 22 日到达乌兰巴托。我对管理不善的 UNDP 项目感到不满，现在对俄罗斯风格的仓促旅行更加失望。向自然和环境部报告了行程，提交了一份简要的总结，我就回美国了。

坐在回程飞机上的漫长时间里，我思考蒙古人的行为。我琢磨他们过去和最近的动荡历史是如何塑造他们的。蒙古的过去，是入侵其他国家，也遭到入侵的历史，是一个民族肆意破坏自身遗产的历史，比如在 20 世纪 30 年代拆除寺院，最近拆除苏联人曾使用的许多建筑，将之夷为平地。在苏联人离开后，蒙古人重获自由，他们似乎在此时放弃了集体的社会责任。我意识到，无论过去还是现在，大多数国家都会在某个历史时期陷入道德沦丧，屈服于政治和宗教狂热，成为暴行的档案。是什么催生人性中的这种现象，是什么导致了社会的分裂？是不是出于贫富差距、对社会差异的蔑视、以种族为诱饵的领导人，或者其他一些为不分青红皂白的暴力和各种形式的野蛮堕落提供道德“借口”的原因，人们在自己的群体或部落之外，甚至在一个群体内部，对他人人性的感受就停止了？我没有答案。但历史上充斥着类似暴行的例子。

从 17 世纪开始，北美大批原住民部落就遭到军队的杀害，他们被欧洲定居者逐出家园。当时，巴西和拉丁美洲的其他原住民部落也遭到猎杀、屠杀和奴役——被橡胶开采者、淘金者、定居者、伐木者、贩毒者及其他想占有他们的土地或资源的人屠杀和奴役——所有这些暴行都没有受到惩罚，也不受法律约束。近几十年来，蛮横的多数民族出于宗教、部落、政治、民族主义和种族的理由，在世界各地发起针对少数民族的大屠杀。偏执的煽动者们的谣言、谎言和仇恨言论，他们的欺骗、宣传和隐藏的动机，往往是叛乱的根源，激起愤怒、暴力和对少数民族的凶残迫害，引发不可预测的部落对抗和争斗。在不稳定时期，对经济的担忧、对传统生活方式的威胁、对腐败以及外国影响的反感，加剧了局势的恶化。我想到19世纪德国对少数民族的大规模谋杀，也想到殖民国家对其子民的暴行，比如比利时在刚果和德国在纳米比亚的所作所为。1941年，德国和乌克兰军队在基辅附近处决了超过33000名犹太人。在安哥拉、乌干达、卢旺达、苏丹、阿尔及利亚、利比里亚、黎巴嫩和其他地方，可怕的部落战争正在进行并继续肆虐。这些战争部分原因是殖民主义的后果，在这些国家和领地，饱受重创的人们被剥夺了明确的身份。宗教少数群体，无论是穆斯林、佛教、印度教还是锡克教，在亚洲南部的巴基斯坦、印度、缅甸和斯里兰卡，以及中东的一些国家，已经或正在遭受迫害。只对那些同宗同门的人好，这往往是一种宗教傲慢和残忍的原则。外国干预加剧了政治和社会的不稳定，最近的例子是美国对越南人的可怕屠杀，阿富汗、叙利亚和伊拉克长达十年的恐怖和破坏战争，以及也门持续的内战，美国、法国、伊朗和沙特阿拉伯正直接或间接地向战斗人员提供武器。冲突似乎是所有重大变革的起源。

在蒙古国，政治和经济压力，以及多年来屈从苏联对其自尊心的削弱，似乎使得道德规范发生混乱。当桎梏突然被解除，能够做出自己的决定时，很多蒙古人决定进行破坏。社会压力可能也与此有关。直到不久前，大多数城市居民还习惯于游牧社会的自由和彼此间密切的关系。但在1993年，他们挤在一起，缺乏地域感，远离伟大的天空之父和大地之母，他们已经反叛。使情况进一步恶化的是严重缺乏工作机会，普遍存在的贿赂和腐败，以及对伏特加的虔诚。然而，正如我经常看到的那样，人民的善良本质依然强大。不管有什么复杂的原因，这样的思考几乎让我自动想到了成吉思汗，这位威名赫赫的（或臭名昭著的）12 世纪的征服者和破坏者，他建立了历史上最大的陆地帝国。在最近的苏维埃时代，他的形象在蒙古遭到放逐，但现在被尊为“国父”的他又复活了，连带着其文化。

成吉思汗（名铁木真）出生在蒙古东北部。根据 15 世纪汇编的《蒙古秘史》（*The Secret History of the Mongols*），他年轻时就“眼里有火，脸上有光”。铁木真的父亲遭到谋杀。铁木真和同父异母弟弟别克帖儿之间的争斗使家族四分五裂，铁木真谋杀了他的弟弟。铁木真长大后，接管了小部落的领导权，然后将所有邻近的部落，超过 25 个部族，联合在他的大旗之下。在 1206 年的部落首领大会上，他被推举为可汗（“强人”），再加上汉语表示首领的字“成”，于是铁木真成为成吉思汗。在当时，团结一致对于应对部落内部的社会和经济压力至关重要。12 世纪的长期干旱，造成了激烈的牧场争夺。怀揣建立帝国的梦想，成吉思汗建立了联盟，创建了一支骑兵。他带领这支军队向西进发，每位战士都配备长矛、剑和强大的弓箭，在现在的伊拉克、伊朗、阿富汗、乌克兰和俄罗斯西部横冲直撞，肆意施展权力。在返回蒙古的途中，成吉思汗死于中国的甘肃省。他的遗体被运回蒙古，不过埋葬地点不详。对于任何敢于反对成吉思汗或没有完全效忠他的城市，他下令屠城，比如1221年阿富汗的赫拉特。在赫拉特，据说"连一双为死者哭泣的眼睛都没有留下"。在现今位于乌兹别克斯坦的布哈拉，一位目击者报告说："他们来了，他们斩草除根，他们烧杀，他们抢掠，他们走了。"

不过成吉思汗也有一些开明的想法：他禁止酷刑并给予宗教自由。他于1206年在蒙古颁布《大扎撒》。里面包括狩猎法，例如，禁止在每年3月至10月许多物种的繁殖季节杀害野生动物。《大扎撒》还禁止污染水源和破坏土壤，因为这些对牧民的游牧生活至关重要。今天的蒙古人应该注意到这样的想法。

成吉思汗指定儿子窝阔台（1186—1241年）继任。尽管窝阔台继续大举征服，但他最感兴趣的似乎是酒精，如伏特加酒和由发酵的马奶制成的马奶酒。他在蒙古建立了新的都城哈拉和林，但到1368年被明军攻克。弗拉芒方济各会僧侣鲁布鲁克的威廉（William of Rubruck）于1254年访问了哈拉和林，还跟大汗蒙哥（1251—1259年在位）进行了会谈。鲁布鲁克的威廉在日记中写道："蒙哥本人显得醉醺醺的。"窝阔台的传统显然一直在延续。

成吉思汗的孙子忽必烈（1215—1294年）将蒙古的控制

权扩展到中国大部分地区，并在那里建立了元朝，从1271年持续到1368年。明朝（1368—1644年）的开国皇帝将蒙古人赶回了蒙古。然后，在半个世纪里，明军和蒙古军队互相争斗，蒙古也无休止地分裂，导致多年的叛乱和内战。事实证明，无论走到哪里，蒙古人都擅长征服，但不擅长提供稳定的统治。明朝永乐皇帝利用蒙古的内战，于1410年北伐，将蒙古变成附属国，后者每年都要进贡。1449年，蒙古和明朝之战又起，但像以往一样，蒙古人不团结，内部互相争斗。然而，两个民族之间的密切接触刺激了文化交流和联盟。在中国最后一个王朝清朝于1911年灭亡的若干年后，到了20世纪中期，中国与苏联主宰的邻国终于实现了和平。

农耕的中原人与游牧的蒙古人之间的冲突，基于一种更为微妙的关系。两种文化貌似对立却彼此需要。蒙古人需要金属和粮食，而中原人需要牲畜、皮毛和羊毛。除了侵略性和防御性的边境政策，他们还发展了贸易，在袭击后举行和平谈判，辅以外交、贿赂、补贴、联盟和其他非暴力的交流。

当我想到我的蒙古同事时，我觉得女性往往比男性更开朗，更努力工作，并表现出更多的社会责任。在这方面，似乎自古以来也没有什么变化。托马斯·巴菲尔德（Thomas Barfield）在《危险的边疆》（*The Perilous Frontier*）中引用道，教皇的罗马特使在13世纪访问蒙古时发现，“男人们什么都不做，日常忙着射箭，偶尔照顾牲畜。所有工作都落在女人肩上，她们制作毛皮大衣、衣服、靴子和其他一切皮革制品；她们还驾驶马车，修补马车，给骆驼装货，工作起来非常迅速和高效”。

尽管有这些相似之处，不过自20世纪50年代以来情况发生了巨大变化。跨越边境的强行掠夺已经消失（但经济掠夺没有消失），征服的意识形态也随之消失。如果蒙古国在环境和发展之间保持平衡，确保每个人都有健康的未来，那么蒙古国的传统牧业文化就可以持续下去。那么，在2019年，蒙古的自我意识是什么？它如何看待自己的民族身份？蒙古人对国家的未来感到怎样的责任？

不幸的是，我对使一个人抛弃所有道德冲动的遗传和环境因素知之甚少。当然，如果今天某个仇外领袖用煽动性的言辞来告诉他或她的追随者，谁不应该成为社群成员，这就是暴力的预兆，不管我们说的是尼日利亚还是美国。唯一的解决办法是停止对不容忍的容忍，努力以接纳、同情和仁慈的态度包容所有人，并将思想和心灵结合起来。

1994年

我决心完成去年未能完成的调查，尤其渴望找到潜在的新保护区。1994年7月18日，我回到乌兰巴托。凯这次和我一起，这让我很高兴。有消息告诉我，UNDP来了一位新的项目经理，名叫简·斯威特林（Jan Sweetering）。我满怀期待地去了项目办公室，却被一股阴霾吞噬。所有的合同，包括我的在内，都被纽约的 UNDP 办公室搁置了。每个人都对未来感到不安。日津贴遭到削减，顾问数量也减少了。新的项目经理认为，野生动物研究和学校教育项目是浪费钱。有几个这类项目被终止了。

当务之急是为调查工作组建一支蒙古队伍。我很高兴有两位前同事想来。一位是盘羊生物学家阿木嘎兰巴特尔，他名字中的巴特尔在蒙语中是“英雄”之意。因具备对野外工作的奉献精神，他对我来说就是英雄。另一位是自然和环境部的 D. 巴特博尔德（D. Batbold）。蒙古国立大学的植物学研究生 G. 奥尔齐马（G. Olziimaa）也非常不错，我很高兴他的加入。国家公园部的工作人员、大戈壁公园生物学家图拉嘎特的妻子巴达姆汗德（Badamkhand）受命加入我们。能说德语和英语的奥尤纳（Oyunaa）成为我们的翻译。还有三名司机，一名负责运载装有汽油桶的小卡车，另外两名分别负责两辆吉普车。一辆吉普车，连同巴特博尔德和巴达姆汗德，将在十天后返回，但我们其他人将继续前进，为期一个月。当然，凯也是团队的一员。有人尖锐地问我，UNDP 是否付给她报酬。我向大家保证，没有。

解决行政管理相关的问题后，我们设定了出发日期，但被告知这一天不吉利。最后，我们于 7 月 31 日出发，穿越草原，穿过盛开着龙胆、紫菀和蓝铃花的土地。我们在曼达尔戈维镇（Mandalgovi）附近扎营，帐篷藏在山丘的褶皱中，以阻拦强盗。第二天下午，我们在县城措格特奥沃（Tsogt Ovoo）停留，向当地政府收集关于人口和牲畜数量的数据，以及关于野生动物和旅游景点的信息。我们意识到，在调查期间，我们需要访问所有的县城，以获得这些基本信息。在南戈壁省（Omnogovi）的首府达兰扎德市（Dalanzadgad），我们和省长米吉多吉（Mijidorj）进行了访谈。省长还给了我们一封介绍信，使我们能够购买 150 升的汽油。政府仓库每天只允许出售 400 升汽油，今天的配额已经卖完，而一长串车辆已经在排队等候明天的配给。但由于省长的信，我们买到了汽油。达兰扎德附近煤和各种矿物的储量巨大，比如铜，还有石油。有一次，我们在总部位于伦敦的 SOCO 公司经营的石油钻井平台边停留过。这个钻井平台仍然很小，每天仅产出 250 桶石油，但这个区域规划了更多的钻探点。石油钻井平台是从中国租赁的，石油用卡车运到中国，大多数工人是中国人。我在想，经过几年粗心大意的开发，这片草原会是什么样子，挖出的深坑，堆积的碎石，道路，工业化的蔓延，以及含有毒化学品的水池。在接下来的调查时间里，我最好只吸收草原的美丽。

我们的调查区域包括 15 个县，覆盖大约 150000 平方公里，占蒙古总面积的近 10%。这大约是我居住的新罕布什尔州面积的五倍。正如我去年看到的那样，该地区大部分是海拔约 1000 米的起伏平原，每隔一段距离就有高达 1700 米的岩石山脉和丘陵。该地区可大致分为几个植被区：南部靠近中国边境的地区是沙漠和半沙漠，与之相邻的是一片宽阔的干草草原，更靠北的地区则变成较为湿润的大草原。大约95% 的地区是草场，其余是贫瘠的沙地和岩石。地表水只限于间歇的泉水和水塘。这些水通常被牧民占用，但他们仍然不得不主要依靠水井，特别是在旱季。

焦干的山脉延伸到广阔的平原，平原上的小群鹅喉羚看起来苍白无力，似乎在热浪中飘浮着。蒙古野驴在一些地方也很常见，它们或单独或成群结队，棕褐色的优雅外形与风景融为一体。我们注意到一头公驴紧紧跟随两头母驴，每头母驴都带着小驴。公驴追赶其中一头母驴，而后者显然很恼火，用后腿踢向公驴。还有一次，在清晨时分，我在营地附近的沙质河床上听到蒙古野驴的叫声。那是一种奇特的声音，像是鸭子的叫声和狗的吠声的混合，以咆哮声收尾。后来我在黎明时分观察野驴，它们在河床上用蹄子拍打坑洞，啜饮渗出的水。那里本来有三头公驴，很快又有五头母驴到来，每头都带着一头小驴。一头公驴走近母驴，叫唤着，耳朵向后张开。一头母驴转过身来，踢了它一下。另一头公驴试图将母驴赶到一起，似乎想收集一个“后宫”。母驴对这些粗鲁的提议不感兴趣，就离开了。我怀疑每头公驴都在附近有自己的领地，但它们来水边，既是为了喝水，也是为了宣示自己的存在。

我饶有兴趣地注意到，在我们的车辆接近时，偏远的青藏高原上的藏野驴和这里的蒙古野驴表现出不同的行为。藏野驴通常会站在原地警觉地看着我们，甚至与我们平行奔跑，似乎相当好奇。相比之下，蒙古野驴一旦发现我们就立即开溜，似乎知道车上可能载着猎人。

在我们的旅途中，计数野生动物是一项合作的事业。“右边有三只原羚。”奥尤纳可能会说。我们则记录下两只母原羚和一只小原羚。“一头野驴！”奥尔齐玛喊道。我们各自在笔记本上记录。一群毛腿沙鸡在草原上低空划过，形成紧密的群体。“有多少只？”我问。估计从 125 只到 200 只不等。我顺便给自己记下一些偶遇的鸟类，如漠䳭和凤头百灵，并向同伴指点乘着山脊边上升气流翱翔的一只黑鸢和几只红隼。

在一个布满岩石的低矮山丘区域，我们遇上一个战利品狩猎营。营地名为莫东·乌斯尼（Modon Usnii），有五个蒙古包，一个西班牙人住了其中一个。他刚刚完成为期九天的狩猎，驾驶吉普车在该地区巡游，同时寻找猎物。战利品的鞣制毛皮和头颅正在太阳下晾干。有一只戈壁盘羊，8 岁，沉重而卷曲的角有 106 厘米长。这个西班牙猎人还射杀了一只体形不大的北山羊、一只鹅喉羚和一只蒙原羚。据阿木嘎说，1967 年至 1989 年，蒙古共有 1630 只盘羊作为战利品遭到射杀，外国猎人为每个许可证支付了 2 万至 3 万美元。许可费的 6% 归中央政府，20% 归狩猎公司，15% 归省，5% 归县。

住在狩猎区并能帮助保护野生动物的居民，却没有得到任何好处。2000年的新狩猎法规定，许可费的50%必须用于保护。2017年，战利品许可证的价格提高到7万至8万美元。但当地社区能得到多少呢？一个狩猎营在夏季和秋季运营几个月，其他时间关闭，期间无法提供任何积极的野生动物和栖息地保护。在所有体形称得上战利品的动物被射杀后，狩猎营就搬到其他地方。整个系统就是一场商业冒险，对野生动物或当地人几乎没有任何直接好处。然而，我们确实在营地吃了几顿好饭。西班牙猎人慷慨地把两只原羚中的一只送给我们，它的肉质鲜嫩，比绵羊或山羊的脂肪少。

德国马丁·路德大学出版过一套丛书，名为《蒙古国生物资源探索》(*Exploration into the Biological Resources of Mongolia*)。2016年卷有一篇关于盘羊的文章，作者之一是阿木嘎。文章指出，蒙古散布着很多小而孤立的盘羊种群，在大约60000平方公里的范围中，主要是沿着阿尔泰山脉分布。这些小种群中的每一个都很容易灭绝。近几十年来，主要由于“偷猎和与家畜的竞争”，盘羊已经“迅速减少”。研究小组基于2009年的普查计算出，大约有5000只盘羊生活在我们旅行经过的两个省份，而蒙古全国的盘羊总数约为18000只。在旅行结束时，我们一共数到182只盘羊，几乎都只能看见它们闪烁的白色臀部，因为它们在仓皇逃出我们的视野。好消息是，盘羊的分布范围正在扩大，现在偶尔会在多年没有发现盘羊的地区看到它们。

沿着计划的路线，我们在乌尔金寺（Ulgyin）停留。这里现在是一片迷宫，大部分由破碎的泥墙构成。这座寺院曾经有 1500 名僧人，存在了 140 年。今天，一座新的寺院正在出现，虽然只有一个房间，有六位僧人和一个男孩住在附近。我们与领头的僧人丹巴伦钦（Dambarentchin）交谈。他是一位健壮的 78 岁老人，穿着一件袖口带绿松石的猩红色斗篷。问及寺院周围的野生动物时，他指出，蒙古野驴正在增加，北山羊很少见，而盘羊在 20 世纪 50 年代被政府为了食肉射杀 200 多只后再也没有恢复。我问寺院是否可以利用道德力量来阻止该地区的狩猎活动。丹巴伦钦回答道，问题不在于当地人，而在于有枪有车的外来者。我们在附近可以看到一个石油井架，这是未来的预兆。他还告诉我们，大约 10 公里外有一片硅化森林，让他的兄弟带我们去看。这片森林位于一座狭窄的贫瘠山谷中。有许多立着的树桩，大约 1 米高、1 米宽。有些倒下的树有 10 米或更长，都变成了光滑发亮的石头，呈现淡红色和黄褐色。其中一些树木还能数出年轮。我用手滑过这些古树，感叹它们的顽强，好奇有什么奇怪的生物曾在它们的树荫里休息。破坏者已经打碎一些树桩，并带走了碎片。

当我们到达东戈壁省的曼达赫（Mandakh）县城时，当地领导在我们提到硅化森林后，敦促我们向南去看化石遗址。

我们的汽油不够，无法再绕路过去，但他卖给我们200升。经过一番寻找，我们向一个蒙古包里的人问路。一个牧民告诉我们，要找一个孤立的小山包，山顶上有两个敖包。据说，当地人的灵魂居住在敖包中。这种信仰指向佛教之前的时代，萨满教的时代。我们在山丘的底部扎营。凯和我在黎明时分漫步。砾石草原上看起来散落着一些白色石头——都是恐龙骨头的碎片。抚摸这些生活在大约6000万年前的动物的光滑骨骼，我深受触动。

另一天，我在一些裸露的花岗岩之间漫步时，发现了许多石英片，显然是新石器时代石器制造者丢弃的石片。我把凯带到这个地方。她在大学里主修人类学，参加过发掘工作，对古代历史的兴趣从未减退。我们很快发现了一些石器，其中有刮削的器具和断裂的箭头。石器时代的猎人来过这里，追捕北山羊和盘羊。在一块巨石上有一个树枝做成的巢，令我高兴的是，里面有一只巨大的长着棕色羽毛的秃鹫，羽翼几乎已经丰满。

我们每天都会行驶很远，但很少会遇到蒙古包。蒙古的人口密度只有约1平方公里0.65人，而且大部分都住在城镇。我们在县城收集的统计数据表明人口密度很低。我们调查的两个省只有大约66500人，其中一半人住在省会达兰扎德和赛音山达（Saynshand），还有许多人集中在县城周围。除去首府，各县的人口密度从每人1.8平方公里到7.5平方公里不等。该地区还拥有近 100 万头牲畜，主要是绵羊和山羊，也有马、牛和骆驼。由于缺水，大片地区荒无人烟。

往东南方向走，我们进入哈坦布拉格县（Khatanbulag），遇到一个奇妙的野生动物集中地。在相当荒凉的平原上，稀疏地覆盖着沙棘和多刺的锦鸡儿灌木，许多鹅喉羚聚集在一起。这是我在蒙古见过的最大的鹅喉羚群。鹅喉羚有 80 只之多，大部分是雌性及其后代，它们聚集在一起，生机勃勃。我们还遇到了蒙古野驴：一群至少有 500 头，另一群约有 250 头，第三群有 234 头，还有一些小野驴。第二天晚上，一场猛烈的暴风雨袭击了我们一个多小时，大雨倾盆，电闪雷鸣，溪流咆哮，山洪暴发。鹅喉羚和蒙古野驴是否感受到当地的雨水即将到来，所以才聚集在这里？就像坦桑尼亚塞伦盖蒂的角马追寻远处风暴的湿润空气，由此来追寻那些即将出现的营养丰富的绿色草料？

我们的路线继续向东，朝着北京—乌兰巴托的铁路线前进。突然间，我们开始遇到蒙原羚，不止几只，而是大群大群的动物。我注意到前面有一个相当荒芜的山坡，山坡上一片粉红色，就像一片花田。但这些花流向山坡上部，变成约 2000 只准备过夜的蒙原羚大群。那天我们估计看到了 6000 只蒙原羚。我们设法对其中 689 只做了分类，雄性和雌性的数量相当，一半的成年雌性伴有一只尾随的幼崽。20 世纪 50 年代修建铁路时，栅栏围起来的轨道切断了一条蒙原羚的主要迁徙路线。它们的主要栖息地是东部草原，那里富有它们喜欢的、最有营养的植物，特别是在冬季。这些植物包括针茅、冰草和其他各种草，各种双子叶植物，以及灌木蒿丛的枝芽。大多数流离失所、倾向于留在铁路附近试图穿越铁丝网的蒙原羚——有些是为了重新加入主要的迁徙队伍，有些是为了进入铁路沿线的牧场——都会被缠住。一些蒙原羚被带刺的铁丝网钩住，挂在那里慢慢死去。其他蒙原羚挣扎着逃脱了，带着被划开的皮毛。蒙原羚在围栏上找到缺口，或以其他方式设法到达铁轨，然后可能被飞驰的火车轧死。蒙古野驴的分布也因铁路围栏而变得支离破碎。蒙古野驴无法跳过围栏或从围栏下爬过，仍然留在铁路以西，无法移动到东部大草原。很多年前，就有人提议修建上行或下行通道，或是改造围栏，但直到2019年才开始讨论这些建议。

我们终于到达毗邻铁路的额尔登镇（Erdene）。我们的司机鲍尔和奥尔齐马前往一家商店，只找到肥皂、火柴和伏特加。在回来的路上，愠怒的暴徒包围了鲍尔，要求他用500图格里克购买伏特加，但暴徒还是打伤了他的眼睛。现在，我们驱车向北前往赛音山达市，希望在那里买到一些面包。跟其他大多数城镇一样，赛音山达市曾经的俄式城区现在成了一堆瓦砾，就像被轰炸过后一样。五层的公寓楼成了空壳，发电厂被烧毁，社区大厅只剩下墙壁，这些都是1990年和1991年苏联人一离开就被摧毁的。但一尊列宁雕像仍然矗立着，尽管手被掰掉了，脸也被砸烂了。

现在是时候返回乌兰巴托了。我们于 8 月 30 日到达乌兰巴托，行驶了大约 3700 公里，另外在大地上徒步了很多小时。这是一次精彩的旅行，有一个友好、兴致盎然和勤奋的团队，每个人都为营地工作和野生动物观察做出了贡献。我们总结了在这两个省的野生动物数据。有时候野生动物太过怕人，我们无法统计出一群动物的数量。当然，在平原上发现野生动物，也比在我们很少开展调查的山地里更容易。所以我们只看到了少量的盘羊和北山羊。我们一共数到 39 只北山羊，包括一群 18 只雄性北山羊；182 只盘羊；1062 只鹅喉羚；1310 头野驴；以及超过 6000 只蒙原羚。我把这些信息写到一份详细的报告里，提交给了 UNDP 和蒙古政府有关部门。

我们还提议，几个地区有潜力成为保护区。我们对这些建议得到认真考虑和后来得到执行深感荣幸和感激。我们的建议很及时。蒙古政府关注保护美丽但迅速恶化的景观，因此对我们这样的建议持接受态度。沿中国边境的大片地区拥有丰富的野生动物，我们建议加以保护。这些地区后来建立了小戈壁严格保护区，分为两部分，总面积为 18400 平方公里。小戈壁严格保护区的北边，拥有从半沙漠到草原的生态梯度，还是拥有硅化森林、新石器时代石器和恐龙遗址以及乌尔金寺的古老土地。这个地区也建立了一个自然保护区，面积为 609 平方公里。在更北边的花岗岩露头区域，有一个地方叫伊赫纳尔特（Ikh Nart），我希望那里的盘羊现在不会受到偷猎者和战利品猎人的伤害。它也被指定为自然保护区，面积为 437 平方公里。到 2000 年，蒙古有 48 个保护区，覆盖了 13% 的土地，而且还在继续增加。

我们与 UNDP 和蒙古政府在 1993 年和 1994 年的工作取得了最令人满意的结果，使蒙古的野生动物和自然栖息地受益。幸运的是，正如我们在这些旅程中看到的那样，这个国家一直对保护持开放态度。大自然需要不断的奉献和关怀才能生存，在未来的岁月里，我们希望蒙古能走上正确道路。毕竟，数百年来，蒙古游牧社会在萨满教和喇嘛教的影响下与自然和谐相处，对水、草原、土壤和森林的可持续利用有自己的方法。蒙古人有一句话，是全世界任何地方的游牧民族都不能忽视的："在一个地方待久了会破坏它，在一个地方短时间停留后搬到另一个地方，则会保护它。"

第五章

草原上的杀戮

善待所有生灵，这才是真正的宗教。

佛陀释迦牟尼

不要把活物设为目标。

先知穆罕默德

蒙古的环境压力与日俱增。新的公路穿透处于原始状态的地区，巨大的煤矿和铜矿在土地上留下伤痕，石油钻塔像树木一样在草原上生长出来，外来者虎视眈眈，在这个国家寻找掠夺和获利的机会。蒙古人是否会失去对伟大的蒙原羚群的集体记忆，就像美国人不再记得消逝在历史中的庞大美洲野牛群和遮天蔽日的旅鸽群？当我第一次来到蒙古时，成群的马鹿在冬季的乌兰巴托公园里游荡，景象壮观，因为这个公园与附近有深深积雪的山相比，是更温和的栖息地。但马鹿很快就消失了，屠杀马鹿是为了吃肉以及将鹿角和阴茎出口到他国，因为这些部件被认为有药用价值。有多少乌兰巴托的居民知道或记得这些鹿？近几十年来，整个蒙古国的野生动物都在减少。我偶尔目击凶手对自然之美的肆意掠夺。由于野生动物的数量没有得到准确监测，而保护的法律也只是得到随意的执行，因此不幸的是，我们不知道每个物种有多少遭到合法或非法的杀害，也不知道曾有多少动物。当地人为了生存而狩猎，蒙原羚的肉被出口牟利，狼、猞猁、沙狐、赤狐、旱獭和其他各种动物的皮毛也是如此。仅此一项，每年就有约 200 万只或更多的动物遭到捕猎。狼舌、熊胆、雪豹骨和赛加羚羊角在中国有药用需求，外国战利品猎人则猎杀盘羊、马鹿和其他动物来装饰他们的私人停尸房。

为了说明某些野生动物减少的程度，我将简要介绍对蒙原羚（或称白尾原羚）和西伯利亚旱獭的杀戮以及捕捉猎隼的情况。我引用的实际数字只是说明被杀动物的数量级。通常没有精确的记录，非法杀戮很难衡量，而且有些记录被政府扣压，不向公众公布。有价值的信息来源可以在参考文献中找到，特别是凯蒂·沙尔夫（Katie Scharf）及其合作者所著的《过渡经济中的牧民和猎人》（*Herders and Hunters in a Transitional Economy*）、詹姆斯·温加德（James Wingard）和彼得·扎勒（Peter Zahler）的《沉默的草原》（*Silent Steppe*），以及柯克·A. 奥尔森（Kirk A. Olson）的《蒙原羚的生态和保护》（*Ecology and Conservation of Mongolian Gazelle*）。

蒙原羚

我看到它们并排挤在一起，一排又一排，就像在草原的黄色秋草中等候阅兵的军团。它们俯卧在地上，棕褐色的皮毛朝向天空，白色的臀部碰在一起。它们已经被开膛破肚，小腿被砍掉。一堆血淋淋的头颅，有公有母，躺在一边。大约 4000 只蒙原羚遭到大规模屠杀，部分是在保护区内非法屠杀的，肉和皮准备出口。

但躺在烈日下等待运输的尸体开始腐烂。这些腐烂的肉被拒绝接受，因此它们在当地市场上被廉价出售。还有一次，共有 18000 只蒙原羚被自动武器中的铅弹屠杀，以供出口。这些尸体又被拒绝了，因为据称这些肉的含铅量太高，无法安全食用。这些肉又一次被卖到当地，而毛皮则被浪费了。东方省开展过多次此类“狩猎”活动，当我向省长提到此类粗心和浪费时，他仅仅答道：“我们必须从原羚身上获得好处。”

1932 年至 1976 年，据记录，蒙古共有约 845000 只蒙原羚因与苏联的贸易而遭到猎杀。在 1939 年至 1945 年的战争年代，又有 10 万至 15 万只蒙原羚遭到射杀，作为苏联军队的食物。1980 年至 1992 年的商业性狩猎猎杀了 247108 只蒙原羚，数量从最少的 1989 年和 1990 年的 0 只到最多的 1987 年的 34800 只不等。肉类主要运往欧洲等国，内脏则运往苏联，在皮毛养殖场喂养紫貂和其他动物。一些蒙原羚向北迁徙到俄罗斯，向南迁徙到中国。“当蒙原羚去了俄罗斯，”一位县领导告诉我，“它们不会再回来了。”不过，它们在后贝加尔省（Zabaikalsky Province）的索洪丁斯基（Sokhondinsky）自然保护区内似乎是安全的，那里已经有大约 6500 只蒙原羚被纳入统计。在中国，估计有 250 万只蒙原羚于 1956 年至 1966 年遭到捕杀。如今中国的蒙原羚只分布在内蒙古自治区沿中蒙边境的一个狭长地带。那里的蒙原羚数量很难评估，因为每年10月到次年2月下旬许多动物从蒙古国迁往中国过冬，然后再返回北方。它们的旅程经过中蒙边境哨所，哨所的守卫射杀这些动物以补充微薄的食物配给。据报道，1985年蒙古军队射杀了3万只蒙原羚。1994年至1995年冬季，中国野生动物学者、我的前同事王小明及其同事对该地区开展调查，当时估计蒙原羚多达25万只。

官方狩猎——即便效率不高而且狩猎配额基于直觉而不是已知的种群规模——造成的死亡仍然只占每年死亡数量的一小部分。许多蒙原羚可能在严冬中死亡，如1977年和2009年的暴风雪。各种各样的疾病可以摧毁一个种群。1974—1975年，大约有10万只蒙原羚死于疑似口蹄疫的疾病。1998年，我们见证了足腐病，一种细菌性疾病，杀死了数千只蒙原羚。非人类的捕食动物，从狼到草原鹰，也杀死了一小部分蒙原羚。蒙古人的自给性狩猎每年会杀死大量蒙原羚，但数量不明。在苏联时期，即1990年之前，大约有3万支有执照的枪，但到2007年，这个数字已经增加到24万支。对牧民家庭的访谈显示，超过一半的人猎杀蒙原羚，主要是为了吃肉。2004年，有4万名有执照的猎人，平均每人猎杀5.2只蒙原羚，共约20.8万只。出于对捕猎数量的关注，政府于2001年禁止用于出口的商业狩猎。然而，省级政府仍然可以为每个家庭发放一只蒙原羚的狩猎许可证。尽管颁布了商业禁令，合法捕猎大幅下降，2001年仍有人设法从蒙古国出口了100吨蒙原羚肉，相当于约6600只蒙原羚。据说，是用空油罐、卡车和火车将非法捕杀的蒙原羚尸体和其他野生动物制品越境运出。

偷猎往往是一种直接或间接的赚钱方式。夜间在草原上监测戴着无线电项圈的蒙原羚时，我会注意到吉普车在周围巡游狩猎，然后我会看到这样的吉普车来到乔巴山，装载着蒙原羚在镇上出售，那里的警察显然免除了偷猎者的刑罚。凯蒂·沙尔夫和她的同事在乔巴山访问了350个家庭，发现每个家庭每年平均消费25.4公斤蒙原羚肉，大约相当于两只蒙原羚。这意味着，仅在这个城市就有大约16000具蒙原羚的尸体。超过三分之一的家庭为了吃肉而狩猎。

每个县都有一位指定的官方野生动物检查员，但在20世纪90年代的困难条件下，检查员缺少车辆和燃油，反盗猎和执法极为困难。据当时估计，每年遭到非法捕杀的蒙原羚至少有10万只。在一项重要的倡议中，UDNP–GEF东部草原生物多样性项目于2000年举办讲习班，从生物数据收集、野生动物监测、巡护和其他基本管理需要等方面，对野生动物检查员和保护区巡护员进行培训。

绵羊、山羊、牛、马和骆驼保证了牧民家庭的食物安全，以及出售它们获得牧民所需基本用品的潜在收入。山羊绒是第二大收入来源。当然，狩猎减少了一个家庭吃或卖牲畜的需求，因为可以用蒙原羚肉代替。一只蒙原羚的售价相当于五六美元，而一只羊的价格超过25美元。柯克·奥尔森访问过 156 个家庭，发现不狩猎的家庭比狩猎的家庭拥有更多的牲畜，平均为 371 头与 194 头。狩猎还能提高一个家庭微薄的年收入。2004 年的家庭年收入平均为 1200 美元。当时，一张旱獭皮的售价约为 4 美元，赤狐皮 13 美元，狼皮 30 美元。作为减少牲畜被捕食的方法，杀狼也很受欢迎。在柯克采访的家庭中，大约三分之一的家庭有家畜遭到狼的捕食，平均每年损失 3.7 只绵羊和山羊，偶尔还有马和牛。即使加上打猎的利润，一个贫穷的牧民家庭的年收入也只能增加 10% 左右。

由于遭到大规模的杀戮，蒙原羚的数量急剧减少也就不足为奇了。蒙原羚曾经出现在蒙古国大约一半的国土上，但在过去五六十年里，其分布范围至少缩减了 50%，也许多达 75%。历史上有多少蒙原羚生活在这个区域？我们无法回答，因为缺乏对蒙原羚的监测和准确计数。人们认为，在 20 世纪 40 年代有超过 100 万只蒙原羚，但到 20 世纪 70 年代末，只剩下 25 万至 27 万只。到 20 世纪 80 年代初，疾病和干旱可能使种群数量进一步减少。随后几年的估计数字回升到 30 万至 40 万只。1994 年对大部分蒙原羚分布区进行的航空调查，使种群数量估值提升到 267 万只，不过这一数字存在争议。1999 年，柯克·奥尔森开始对蒙原羚进行详细研究。从 2000 年到 2002 年，他开车在东部草原上进行样线调查，下了很大功夫统计蒙原羚的数量。样线覆盖了约 80000 平方公里的区域，并对其视野范围内的所有动物进行计数。他选择东方省和苏赫巴托尔省蒙原羚季节性集中的主要区域开展调查。他的调查结果是：估计该地区可以发现 80 万至 90 万只蒙原羚，而整个国家的蒙原羚数量略高于 100 万只。

2003 年 10 月，乌兰巴托举办了关于蒙原羚管理的国际研讨会。我参加了这次研讨会。来自澳大利亚的生物学家保罗·霍普伍德（Paul Hopwood）也应邀出席，向我们介绍了澳大利亚狩猎和管理袋鼠的优秀系统。我们希望其中一些原则也能适用于蒙原羚。研讨会的成果之一是彼得·扎勒及其同事 2003 年在《蒙古生物科学杂志》（*Mongolian Journal of Biological Sciences*）上发表的报告：《将蒙原羚作为可持续资源进行管理》（“Management of Mongolian Gazelles as a Sustainable Resource”）。报告的摘要如下：

> 本次研讨会的主要成果是，普遍赞同目前不建议开展商业狩猎。这是因为居高不下的偷猎率似乎正在对蒙原羚数量产生负面影响。据最佳估计，蒙原羚目前的数量约为 100 万只，但仍在不断减少。模型显示，该种群可以维持每年 6% 的商业狩猎量。然而，每年的非法捕猎量据估计可能接近或超过 10%。这解释了为什么即便没有合法的商业狩猎，蒙原羚的数量也在持续减少。虽然有足够的法律来处理偷猎问题，但由于缺乏资金、设备和意愿，执法情况极差。我们建议，在偷猎得到控制

和健全的监测系统建立之前，以及在监测显示蒙原羚数量稳定或增加之前，不要开展商业狩猎。

西伯利亚旱獭

20世纪90年代初，我在大草原上徒步或乘车时，偶尔会遇到一只旱獭直挺挺地坐着，仔细观察我的到来。然后，当它判断我有潜在的危险，就会发出尖锐的叫声，提醒其他旱獭，然后潜入自己的洞穴。我发现这些棕色或黑色的大型啮齿动物，是草原动物群落中令人愉快和易处的成员。但在后来的日子里，我看到旱獭的次数越来越少。相反，我遇到匍匐在地上的猎人，他们用步枪瞄准旱獭的巢穴，一动不动地等待着。当旱獭从洞穴里出来时，只需要一枪就能使它挣扎着回到地下，在那里缓慢而痛苦地死去。有时我会遇到一个猎人，他的摩托车上挂着三只或更多死去的"塔瓦咖"，这是当地人对旱獭的叫法。到20世纪90年代末，我主要注意到那些入口处没有新鲜泥土的洞穴，现在除了被当作蜘蛛和蟋蟀避难所的时候，空空如也。J.巴特博尔德（J. Batbold）在东方省、肯特省和苏赫巴托尔省等东部省份的调查显示，这个区域曾经拥有高密度的旱獭，如今只有5%的洞穴仍在被使用；它们以前的居住者已经死亡。

旱獭曾经广泛分布于蒙古国除沙漠外的大部分地区。据估计，出于常见的原因，近几十年来旱獭减少了四分之三：没有有意义的立法来保护它们，缺乏对它们栖息地的监测，反盗猎法也执行不力。旱獭遭到捕杀的主要原因是其厚厚的皮毛。1920 年至 1991 年，旱獭皮主要出口到苏联，平均每年约出口 120 万张；1947 年出口了创纪录的 2493180 张旱獭皮。当时和现今都有大量的非法贸易，这些数字仅仅说明了贸易的规模。1991 年之后详细的官方数字没法获得。然而，2001 年内蒙古的两家中国公司申请了从蒙古国进口 130 万张旱獭皮的许可证。

法律规定，旱獭狩猎季节是从 8 月 10 日至 10 月 15 日，猎人必须购买许可证，每张许可证可猎杀三只旱獭。至少有 12.5 万名猎人获得了许可证。但是，从一些非法狩猎的数字可以判断出，旱獭猎杀不可持续的真实影响。

1998 年至 2000 年，中国海关在内蒙古二连浩特边防站没收了 38605 张非法输入的旱獭皮。1999 年至 2001 年，内蒙古满洲里和呼和浩特海关办事处记录到 16.6 万张非法皮毛。1997 年至 2000 年，还没收了 5558 公斤马鹿鹿茸和 178 公斤赛加羚羊角。

凯蒂·沙尔夫及其同事开展了市场调查，发现“到 2001—2002 年狩猎季结束时，在东部省级中心市场观察到的旱獭皮张总数，几乎是狩猎配额的三倍，许可数量的四倍”。例如，乔巴山市申报的狩猎配额为 11500 张，而观察到的总数是 42435 张。

2005 年和 2006 年，蒙古国政府正式取消了旱獭的狩猎

一个哈萨克猎人举着他训练的金雕。他使用金雕捕猎狐狸、旱獭和其他动物，以获得皮毛和肉

季。但即使颁布了禁令，狩猎活动仍在继续。到 2006 年 8 月底之前，边防局已经没收 26000 张运往国外的旱獭皮张。

在合法和非法捕猎广泛存在的情况下，正如苏珊·汤森（Susan Townsend）和彼得·扎勒所言，“蒙古旱獭危机”的出现毫不令人惊讶。2005 年 6 月和 7 月，苏珊和彼得在东部草原上开展了大范围的日间样线调查，清点已使用和未使用的旱獭洞穴。他们还清点旱獭本身的数量。结果显示，旱獭密度约为每平方公里 0.12 只，而 1990 年蒙古调查组在同一地

东部草原上的旱獭猎人，他的摩托车上挂着新鲜的旱獭皮

区得到的密度为每平方公里 50 只或更多。尽管两种调查方法可能没有直接的可比性，但还是能表明旱獭的数量急剧下降。

猎杀旱獭不仅仅是为了它们的皮毛。旱獭肉质鲜美，人们认为旱獭肉有滋补功效，能强身健体，治疗感冒和哮喘。售卖旱獭肉还能增加草原居民微薄的家庭收入。旱獭的脂肪广泛用于治疗烧伤、冻伤、结核病、贫血和其他疾病。然而，旱獭不仅是人类认为有用的物种，也是复杂的草原生态群落的重要成员。在蒙古东部省份，旱獭在许多地方的消失，无疑伤害了各种直接或间接依赖它生存的物种。通过挖掘洞穴，旱獭将富含矿物质的土壤带到地表，有助于土壤吸收水分，而这两个过程都利于植物生长。旱獭在地上和地下的粪便也为土壤增加了营养。被遗弃的洞穴为鼠兔（兔子的小表亲）、艾鼬、蜥蜴、各种昆虫和其他动物提供了家园。旱獭本身为从狼到金雕的食肉动物提供食物，后者又以各自的方式影响着草原群落。生态的多样性中存在着统一性。大自然是一个循环，从草到旱獭到猞猁，这个循环不能被打破。

猎隼

猎隼是中亚最大的隼，翼展可达 127 厘米。它是一种优雅的鸟，背部呈铁锈色，腹部有鲜明的条纹，强大、灵敏和迅捷，深受养隼人的喜爱。这种鸟在中亚地区繁殖，在伊朗、巴基斯坦和其他南方地区越冬。沙特阿拉伯和阿联酋的猎人对它们情有独钟。在 20 世纪 70 年代初，我们家曾住在巴基斯坦。我记得听到阿拉伯人乘坐大型私人飞机抵达的消息，大部分座位都被猎隼占据。阿拉伯人来猎杀稀有的波斑鸨，一种生活在沙漠中的大型陆生鸟类。阿拉伯人的捕猎几乎导致这种鸟的绝迹。猎隼最容易从中国和蒙古获得。1994 年至 1999 年，蒙古向阿拉伯国家出口了 446 只猎隼，每只猎隼售价 2750 美元。后来猎隼涨价了。2001 年 8 月 1 日《蒙古信使报》的一篇文章指出："新的价格是每只猎隼 4500 美元，外加出口费和关税。每位养隼人限制出口 150 只。"中国还规定每只猎隼收取高达2500美元的出口费。自然，高企的价格刺激了猎隼的走私。1993年至1997年，北京首都机场查获了30起企图走私的案件，涉及450只猎隼。1992年至1995年，中国国家林业局没收了大约1000只猎隼；蒙古在1993年至1999年只没收了69只。阿联酋首都阿布扎比市政府出台了一个项目，计划人工繁育猎隼和其他隼类，如游隼和矛隼，但人工饲养和训练的隼往往不如野生捕获的成年隼善于狩猎。彼得·格温（Peter Gwin）在《国家地理》中写到，到1999年，阿布扎比的繁育站据说已经收养数千只猎隼。这表明早年在野外猎隼遭到了怎样的掠夺，以及对隼类的巨大需求。阿布扎比至少制定了严格的猎隼进口规定。但在政府的批准下，蒙古猎捕猎隼的活动仍在继续。2001年，这里至少出口了184只猎隼。到2002年9月，当年总共出口205只猎隼，其中110只卖到科威特，45只卖到沙特阿拉伯，10只卖到卡塔尔，40只卖到叙利亚。

开车穿过蒙古没有树木的草原时，我偶尔会在地上发现由几根树枝组成的猎隼巢。这样的巢容易受到狐狸、人类或其他捕食者的攻击。然而，有一个巢建在一台废弃拖拉机的车顶上了。2001年我发现它的时候，里面有四只幼鸟，它们的羽毛已经部分长成。我偶尔会去看看这个鸟巢，但在7月14日，幼鸟不见了。偷猎者抢走了这个巢，崭新的汽车车辙表明了这一点。两只成年猎隼仍在附近徘徊。该死的偷猎者：

他们本可以为猎隼亲鸟留下一只幼鸟。养隼人也是如此，他们不假思索地耗尽了自然的珍宝，仅仅是为了取乐。

蒙古自 20 世纪 20 年代实现独立以来，制定了一系列不断变化的狩猎法。第一批法律为繁殖季节的动物提供保护，并建立了狩猎许可证和收费制度。政府鼓励消灭狼的行动。随着蒙古越来越多地纳入苏联体系，到 20 世纪 50 年代其野生动物贸易已经完全脱离中国和其他国家。牧民当时集中在政府完全控制的集体中。狩猎协会成立于 1956 年。六年后，狩猎协会移交给农业部，由中央狩猎协会管理。协会在每个县都有分支机构，管理所有的狩猎和执法活动。

到了 20 世纪 70 年代，随着苏联和中国关系的改善，蒙古和中国之间的野生动物贸易重新开始。1981 年，蒙古议会授权对森林、鱼类、鸟类和兽类开展普查。当时，蒙古约 5% 的海外收入来自皮毛销售。就在保护工作开始稳定时，一切都在 1989 年改变了。苏联退出蒙古，蒙古经济崩溃，遍地都是通货膨胀、失业和贫困。1995 年，蒙古出台新的狩猎法，规定了各种野生动物相关活动的费用和许可证。自然和环境部负责管理稀有物种，其他所有物种由各县而不是中央政府来保护和管理，这种令人遗憾的权力下放造成了许多问题。2000 年，修改后的《野生动物法》获得通过。其中一个条款写到，中央政府决定，杀害濒危动物，处以两倍该动物经济价值的罚款。法律规定，一只雪豹的经济价值为 450 美元。

这可能是一个牧民年度现金收入的三分之一到一半。

我提供这些数据，是为了提供简要的历史视角，从而比较过去和现在的状况。贪婪和对野生动物种群长期可持续性的漠视，导致了野生动物数量的急剧下降。几十年来，尽管蒙古的野生动物管理不善，但残存的数量依然足以使它们恢复。而且，最重要的是，蒙古人对他们的环境保持着一定的关注。即使在最困难的近期，蒙古也建立了许多新的保护区。1991 年，蒙古有 11 个保护区，涵盖 55983 平方公里，占全国面积的 3.6%。到 2006 年，蒙古建立了 56 个保护区，涵盖 205306 平方公里，占全国面积的 13.5%。蒙古的目标是到 2030 年保护 30% 的国土。当通过设立保护区的法律时，国家既没有资金也没有工作人员来保护和管理这些地区。例如，1994 年蒙古东部的保护区管理局有 15 名工作人员，其中 11 人坐在乔巴山市的办公室里。他们的交通工具是两辆汽车、三辆摩托车和一匹马，只有四名管护员来保护和管理广阔的草原，那里即使在当时，也被认为是农业和工业发展的下一个前沿阵地。

第六章

讷木勒格

伦理学以其无条件的形式，将责任扩大到一切有生命的事物。

艾伯特·史怀哲（Albert Schweitzer）

君子喻于义，小人喻于利。

孔子

伟大的蒙古东部大草原仍然萦绕我的脑海和心灵，就像我在 1989 年与她初见。草原延伸到地平线，人迹罕至，生活着许多蒙原羚，几乎没有被开发，生态环境完好无损。后来建立了一些保护区，为那里的植物和动物提供了一种未来。讷木勒格严格保护区位于该地区的最东端，与中国相邻。这个保护区建立于三十年前，也就是 1992 年，但它如此遥远，几乎没有人听说过它。如此宁静的田园风光似乎激怒了有着数亿美元需要支出的发展机构。他们坚持认为，一定要“减少贫困”，“提高生活质量”，并通过“可持续增长”创造“经济和发展影响”。

在亚洲开发银行（Asian Development Bank，ADB；以下简称“亚开行”）资助的一项倡议中，东部草原成为“区域环境保护计划”（Regional Environmental Protection Plan）的一部分。亚开行将规划工作外包给交通和经济研究协会（Transportation and Economic Research, TERA），这是一家总部设在美国并在北京设有办事处的咨询公司。自然，该协会提出的计划强调“基础设施建设”，因为后者总是一家公司赚钱的好办法。该计划特别关注纳木勒格严格保护区。保护区的面积只有3112平方公里，但TERA建议在那里实施一项重大的旅游发展计划。

蒙古政府及其各种顾问曾提议，从乌兰巴托修建一条“千禧公路”，横跨草原中部，直接穿过纳木勒格严格保护区进入中国，作为两国之间的主要商业通道。他们还考虑增加一条铁路。当然，这样的发展会再次使用围栏和其他障碍物扰乱草原，阻碍蒙原羚的迁徙。

千禧公路的规划没有经过深思熟虑。它绕过主要商业中心乔巴山市，穿过草原的中心，而不是向东靠近中国边境；它还直接穿过纳木勒格严格保护区，而不是向北和向东进入中国。2002年，柯克·奥尔森和我本人最关心的就是纳木勒格的发展计划。一条铺装路面的“环境友好型支线公路”将穿透保护区，包括一座横跨大河的桥梁。一条公路如果穿过荒野地区，它会为偷猎者提供方便，促进不受管制的旅游和其他发展。亚开行以“防止环境退化”为荣。TERA指定的计划提议，在纳木勒格增设动物园和植物园，这几乎是对亚开行的嘲弄。蒙古法律禁止在严格保护区内进行这样的开发，而TERA建议取消部分保护区，使那里的开发合法化！

柯克和我希望评估纳木勒格的情况，以考察旅游潜力和开展野生动物调查的方式。2002年9月，我们开展了为期一周的调查。我们特别关注纳木勒格，因为它拥有蒙古其他地方没有的独特的满洲里动植物物种。大兴安岭向北延伸至中国的满洲里地区，而讷木勒格位于大兴安岭的最南端。

我飞到乔巴山市跟柯克会面，他在那里有一套公寓，以贴近大草原和他的蒙原羚研究。我还见到了他的同事达利亚·敖登呼（Daria Odonkhuu）。我曾与达利亚一起在野外工作过，发现他是令人愉快和努力工作的伙伴。柯克现在供职于UNDP–GEF东部草原生物多样性项目。这个项目资金预算数百万美元，在乔巴山市设了办公室，有七名工作人员，另有四名工作人员在项目实施地工作。项目目标包括加强对保护区的管理和将保护工作纳入发展计划。直到现在，讷木勒格令人震惊的发展计划似乎还没有引起迫切的关注。

我们接收到两条令人不安的新闻。在位于大草原东部的东方省，省长显然已经准许内蒙古一家公司在大约200平方公里的土地上收割草料并出口到中国。该地区正在修建一条公路，雇用的是中国劳工而不是失业的蒙古人。此外，一部分草料将在蒙古–东方省严格保护区内收割。许多人反对这项计划，部分原因是在干旱或严冬时，当地也需要草料。

我还了解到，环境部现任部长乌兰巴雅·巴斯伯德（Ulambayar Barsbold）已经允许日本公司GICA将狼皮出口到日本，用于制作皮草大衣。我希望消息能传到狼群中，让它们加倍小心。

2002年9月10日，针茅的种子在阳光下闪烁着黄色的光芒，我们沿着贴近中国边境的公路向东行驶。在一处边境哨所，我们询问蒙古警卫是否可以查看边境围栏，看看野生动物是否可以在两国之间来回穿梭。他带我们去了。蒙古一侧的围栏已经倒塌。不远处是简单的中式铁丝网，然后是有着十二股带刺铁丝的围栏，高两米。但每隔一两公里就有一个打开的大门，汽车和蒙原羚可以通过。

几个小时后，我们接近一个大湖，贝尔湖（Buyr Nuur）。一条河注入其中，河流两岸是高大的山柳灌丛。鸬鹚排成长队，像箭一样划过天空。我们在河边低矮的悬崖上搭好帐篷。傍晚 7 点左右，我听到几只狼在号叫；午夜过后不久，我又听到它们的声音。这里的自然或多或少地保持着原样，我心满意足地回去睡觉了。

我们的路线转向东南，直奔松贝尔镇（Sumber），该镇又称哈拉哈高勒镇（Halhgol）。在我们的路线附近，在一座低矮山丘的草坡上，有一尊岩石制成的卧佛。佛像高二十四五米，仰面躺着。人们在 20 世纪 30 年代的大恐怖中将之埋葬，最近重新挖掘出来，并用混凝土修复。环绕遗址，有一些雕刻有佛像的石板，有些立着，有些被推倒，摔碎了。松贝尔镇附近矗立着高大的尖塔，塔顶安装着翅膀和一颗星，基座上摆着生锈的坦克。这座尖塔是为了纪念 1939 年夏天的一场战斗，蒙古和苏联军队联合击退了入侵的日本人。我们看到两只貉。貉是原产于远东的物种，我这是第一次见到。貉有黑色的面罩，尾巴上有黑环，有点像美国的浣熊，但身上的长毛让它们看起来有些凌乱。它们匆匆跑开。柯克和我缓慢步行跟随，但它们突然消失了。其实它们正蹲在地上一动不动，在我们走近时又一次逃走了。

从乔巴山市出发，经过 330 公里的车程，我们到达松贝尔，有 1600 名居民的小镇。我们在松贝尔镇见到了向导，野生动物巡护员 L. 麦格玛苏仁（L. Myagmasuren），一个令人愉快的中年人。他将带我们去讷木勒格严格保护区，距离松贝尔镇大约 130 公里。当我们穿过缓冲区接近严格保护区时，我看到的不是预想中北方森林覆盖的山丘和山谷，而是广阔的草原，偶尔点缀着白桦和杨树。下方的河边有柳树。我被告知，保护区大约 20% 的面积覆盖着森林，包括人工种植的松树林。黄褐色的草山和挂满秋季金黄树叶的森林斑块在我们面前延伸，没有人类活动的迹象。我扫视着地形，寻找野生动物，注意到一些森林斑块近年来被部分或全部烧毁，光秃秃的树干仍在。野火多年来席卷高草草地，很大程度上这是山丘和山谷没有树木的原因。而高高的干草似乎就在等待火花的出现。据说这里有棕熊、马鹿和驼鹿，但我唯一看到的野生动物是一群斑翅山鹑，大约 20 只，在我们附近拍动翅膀，咔嗒作响。下午 6 点 30 分，我们到达山谷中几座白色小楼组成的岗哨。向一名警卫报到后，我们在附近的悬崖上安营扎寨，俯瞰哈尔沁河（Halchin River）。

夜晚的气温低于冰点。黎明时分，我们穿过结霜的草地，爬上营地后面的山顶，迎接温暖的太阳。河面上有一层雾气，草原闪闪发光。我们收拾好营地，向东出发。下一个营地在大约 24 公里外，但我们的速度很慢，因为道路异常颠簸。下车缓解背部的疼痛时，我才发现缘由。草丛中隐藏着无尽的土堆，大约有 30 厘米高，有些是旧的，有些是新的。造就这些土堆的，是一种在地下生活的灰褐色啮齿动物，东北鼢鼠。更令人满意的是，我们看到两只狍子一闪而过，一只长着小角的铁锈色公狍和一只灰色母狍。它们的体形跟家养山羊相当，不过身形苗条，线条流畅。后来，我还听到一只狍子反复发出警报，那是一种嘶哑的吠叫声，提醒附近的狍子注意潜在的危险。

当天下午，敖登呼和我去散步。在这里行走并不容易，这条小路是真正的脚踝杀手。路上有隐藏在草丛中的鼢鼠丘，有成片的簇生植物，偶尔还有泥坑，以及土壤中的裂缝和带刺的植物，还有其他危险。在一片烧毁的桦树林中，我们注意到齐腰高的树苗，这是森林重生的标志。一只黑松鸡从我们面前掠过，体形跟家养母鸡相似，黑色的翅膀上带有白斑。我们没有看到其他值得注意的野生动物，不过柯克和麦格玛苏仁散步时记录到两只孤单的雄性马鹿，其中一只正在发情，不停鸣叫。

再次转移营地时，我们在能俯瞰宽阔山谷的山脊上停下来，欣赏壮丽的风景。柯克喊出一个词“驼鹿！”。山谷里有四只驼鹿，一只公鹿、两只母鹿，还有一只一岁的小鹿。其中的两只趴着。雄鹿的鹿角立即引起我的注意。我所熟悉的北美驼鹿有着宽大的掌状鹿角，而这只雄性驼鹿展现出东北驼鹿的特征，每只鹿角都有三根短尖，更像是典型的鹿。我们在附近扎营。

第二天，9 月 17 日早上，柯克和我早早离开，去探索森林和山脊。六只黑松鸡冲过来，翅膀呼呼作响，吓了我们一跳。我们注意到野猪在一些地方拱过土，然后听到狼在河边号叫着向坡下奔去。我的现场笔记写道："两只灰褐色的狼逃走，脑袋越过肩膀回头看我们。然后一只体形只有成年狼三分之二的幼狼，从附近的柳树边跑过来，绕来绕去，转到我们的方向。下方，在几棵小柳树旁的草地上，有一处地方备受踩踏，显然是杀戮现场。小狼嗅了嗅，捡起一块兽皮。它咀嚼了一下，然后把兽皮叼到柳树下，扔在那里。它很快就回来了。第二只幼狼出现，嘴里叼着骨头，发现了我们，然后逃走了。"我们观察了狼群半小时，现在过去检查它们去过的地方。一只狍子被杀死了——血液和瘤胃清晰可见，还有一些肠子和脊骨，附近还有一块肩胛骨。我们试图寻找狍子的脑袋，但没有找到。附近的悬崖边有一个陈旧的偷猎营地。我们在里面发现一个马鹿头骨和脱落的鹿角。鹿角上有一个弹孔，头骨里面有一颗扁平的子弹。弹孔的一部分有过度生长的痕迹，所以这头鹿没有立即死亡。向导说，这是俄式卡拉什尼科夫步枪的子弹。这里的蒙古边防军携带这种武器。

现在是9月18日，是时候返回乌兰巴托了。我们对大型有蹄类动物的调查，统计到27只狍子、11只驼鹿和3只马鹿。马鹿可能特别稀少，因为其鹿角和阴茎广泛用于中国的传统药物。棕熊很罕见，我们只找到一个旧的熊洞。

我们考察了讷木勒格的荒野，为此由衷高兴，我知道它必须持续下去。我们在报告里写到，问题比比皆是，“存在偷猎的证据，保护区缺乏长期驻守的管理员，与中国接壤的边界巡护不力，传闻边防军警在保护区内狩猎和捕鱼，种种迹象表明，蒙古缺乏对保护该地区的严肃承诺”。如果非法狩猎得到控制，野生动物肯定会增加。小规模的旅游——在驼鹿和狍子之间徒步和骑马，也许还有远处的狼嚎——侵犯性不会太大，游客会被宁静和良性的景观所吸引。柯克和我写了一份长达10页的报告，强烈批评令人沮丧的TERA发展计划，并于2002年10月寄给亚开行、TERA以及蒙古中央和省级政府的不同部门。在那份报告中，我们直截了当地指出：“出于经济、伦理、美学和生物学的原因，我们强烈反对该计划。”

像往常一样，我试图保持对一个地区后续变化的关注，即使我不再直接参与其中。到2017年，讷木勒格确实发生了各种变化。保护区已经存活下来，尽管它继续受到发展的压力。2002年担任我们向导的麦格玛苏仁，现在是当地博物馆的馆长。有人说，这个保护区的主任不称职，结果是巡护员“缺乏野外工作的纪律和愿望”。我们到那里调查的时候，缓冲区无人居住，现在有两个采矿作业区，第三个正在建设。虽然千禧公路没有建成，但另修了一条公路，还有一座几年前我们反对过的拟建桥梁。公路和桥梁最终可以直接通往中国，出口矿产品。保护区的缓冲区内，还在大范围地收割草料，并且种植了一些小麦。实际上，曾有人试图开放5000平方公里的土地，用于集约化耕作，但这个建议被搁置了。我还被告知，“中国一侧围绕讷木勒格的几乎所有非森林地区，都被大面积改造了”。

蒙古有许多古老的规则和准则，它们曾经塑造人们对环境的态度。这些规则和准则的核心教导是：如果人照顾自然，自然就会照顾人。涉及矿物和石油开采，第一条规则强调，绝不能移走地下宝藏；第二条规则强调，绝不能让外国人知道这些宝藏。在讷木勒格和蒙古其他地方，这些原则似乎被抛弃了。蒙古人终有一天会回归他们尊重土地的基本传统价值观吗？

第七章

在蒙原羚中间

蒙古大型有蹄类种群的持续生存，将取决于蒙古的经济发展是否以牺牲自然遗产为代价，或者发展能否与生物多样性和生态系统保护目标成功结合。

尼亚木苏仁·巴图赛汗（Nyamsuren Batsaikhan）等，
《在雄心勃勃的国家发展中保护全球最好的草原》（2014年）

我希望为大自然说一句话，为绝对的自由和荒野。

亨利·戴维·梭罗（Henry David Thoreau）

我最喜欢蒙古的东部大草原。1989 年我第一次来这里考察时，它还几乎没有被人类改造过。东部大草原的面积约为 250000 平方公里，大约相当于英国或意大利的面积，是全球现存最大的原始草原。在这里，人们可以走向遥远的地平线，只看到随风倾斜的草浪。而且这里生活着蒙原羚，大约有 100 万只，是亚洲现存最大的野生动物集中地。蒙原羚在这片土地上流动，形成一股黄褐色的动物洪流，简直是自然的崇高奇迹，空气中回荡着母亲和幼崽保持联系的嘶鸣声和咩叫声，令人振奋。它们要去哪里？为什么它们不断移动？今天在这里，明天就离开了？要获得这些问题的初步答案，最好的时间是在蒙原羚的出生季节，从 6 月底到 7 月初。1998 年、1999 年和 2000 年，我在这个季节去蒙古，与原羚生物学家巴达玛扎布·拉瓦苏仁（拉瓦）、柯克·奥尔森、达利亚·敖登呼等人合作，研究这些动物。在蒙古的几个月中，我与蒙原羚相处的时间比其他任何物种都多，因为它们给我带来很多快乐，也让我对它们的生活有了深入的了解。

在北极阿拉斯加见证驯鹿的迁徙，在坦桑尼亚塞伦盖蒂目睹角马的迁徙，在中国青藏高原经历藏原羚的迁徙，我很珍惜与大群动物相处的神奇时刻。有一次，我和拉瓦在黄昏时分站在一座山上。蒙原羚拥挤在平原上，太阳最后一丝光芒将它们变成闪烁的微小光点，继续向阴影中的山丘移动。我努力保护这样的记忆和提供这些记忆的动物。

1998 年 6—7 月，及 1998 年 11 月

我于 1998 年 6 月 8 日到达乌兰巴托，拉瓦到机场接我。之后，我又去拜访老朋友，如加齐勒·次仁德勒格。在负责东部草原生物多样性项目的 UNDP 办公室，我见到了新任协调员阿拉腾格日勒·恩赫巴特（Altangeral Enkhbat）。安德鲁·劳里（Andrew Laurie）也在办公室，他刚来到乌兰巴托，准备到乔巴山市，为草原项目工作三年。安德鲁和我第一次见面，是在 20 世纪 60 年代末的塞伦盖蒂，当时他去协助项目。1972 年，我们一起在巴基斯坦研究波斯野山羊。理查德·雷丁（Richard Reading）、马克·约翰斯塔德（Mark Johnstad）等人在乌兰巴托，成为不断增加的外国特遣队的一分子。我们偶尔会在杜阿拉（Douala）餐厅共进晚餐。这家餐厅由一名喀麦隆女士经营，供应比萨，而不仅仅是水煮羊肉和卷心菜。商店里有各种商品，甚至还有从中国进口的香蕉。乌兰巴托正在慢慢变成国际大都市。

我们于6月12日出发，前往乔巴山。我们的队伍很小。负责开车的男人名叫楚仑（Chuluun），自称是名司机。团队成员包括拉瓦和他妻子及团队的厨师阿坦·苏布德（AttanSuvd），还有我。一开始我们在一段日本人修建的平整公路上前进，但公路突然结束，我们又回到典型的草原道路上，平行的车辙碾过沙子和土地。我们继续向东前进，沙丘景观变成绿色。成对的蓑羽鹤跳跃求偶。我们的车辆经过时，蒙古云雀闪烁着黑白相间的翅膀。一只赤狐从灌木丛后面窥视着我们。当黑色的风暴云出现在前方时，我们决定扎营，迅速搭起帐篷。苏布德煮了一道炖牛肉和土豆、胡萝卜。两个十几岁的男孩骑马来探访我们。我们一整天都没有看到蒙原羚，于是询问两个男孩是否知道，哪里可以找到它们。一个男孩回答说："也许它们在山上吃野葱。"晚上下起大雨，早上寒冷而灰暗。

我们继续向东。临近傍晚时分，在一片洒满阳光的平原上，大约2000只蒙原羚从几个骑马的人身边逃走。我们在附近扎营。为什么蒙原羚会在这里？我收集了一份新鲜粪便的样本，准备做显微食性分析；还采集了各种植物的样本，特别是早熟禾、针茅、须芒草和隐子草这类禾本植物，准备分析它们的蛋白质和其他营养成分。

我们注意到许多雌性蒙原羚都怀孕了。我们正好赶上了产羔季节。

在前往乔巴山的路上，我们在县城塞尔盖兰（Sergelen）停留。按惯例，我们到县城主要的商店看看有什么可买的：两瓶啤酒和三瓶伏特加，五套衣服，三双鞋，一些火柴和一点糖，几块肥皂，以及三条面包。我们买了一条面包。附近有一个湖，雅克浩雅湖（Yakhoya Nuur）。电话线向南延伸到乔巴山，我们沿着它走。由于缺乏可供筑巢的树木，大鸶在一些电线杆的底部垒了树枝、骨头和破布，就在里面产卵和育雏。这些鸟巢显然容易受到狗和狐狸等天敌的攻击，但我们看到的五个鸟巢里都有幼鸟，其中一些已经羽翼丰满。

和乌兰巴托一样，乔巴山市的外国人社区也在扩大。德国技术援助机构甚至盖了自己的大楼，我在那里遇到来自德国的同事亨利·米克斯（Henry Mix）。在 UNDP 办公室，安德鲁·劳里向我介绍了一个高大的年轻美国人，柯克·奥尔森。我将与他一起开展许多野外调查。柯克最近来到这里研究蒙原羚，获得了研究生学位，当时既没有研究基金，也没有被大学录取。但他凭能力和毅力加入 WCS 和 UNDP 的草原项目。2008 年，他在托德·富勒（Todd Fuller）的指导下获得马萨诸塞大学的博士学位，论文就是关于蒙原羚的。在乔巴山，我还找到了以前的同事 N. 甘巴特尔。他来自当地的保护协会和狩猎组织，自 1981 年以来一直从事蒙原羚的研究。我们聊到蒙原羚的商业狩猎和蒙原羚的疾病，包括 1986 年杀死数千只蒙原羚的巴氏杆菌感染。

我们向西南方向驶去，人们告诉我蒙原羚在那里产崽。天气很糟糕，刺骨的寒风拍打着汽车。我们在一个蒙古包前停下，问了问路。四条狗靠着蒙古包的外墙挤在一起。主人向我们证实，不远处有许多蒙原羚，靠近一处在 1991 年被蒙古人摧毁的俄罗斯军事基地。我们还得知俄罗斯人杀过许多蒙原羚，当作食物。主人建议我们在他用作储藏室的蒙古包过夜，我们欣然接受邀请。蒙古包顶上挂着几只羊，我在它们的尸体下入睡。

第二天醒来，又是阴冷的一天，所以我们整个上午都挤在蒙古包里的火炉旁。1989 年，拉瓦曾在这里观察到新生的蒙原羚。他当年在 6 月 15 日看到第一只幼崽。我们现在开车出去寻找蒙原羚群。看到远处有蒙原羚之后，我们下车开始步行。当我们爬上一座小山时，蒙原羚在柔和的光线下为我们面前的草原注入生机。至少有 2.5 万只蒙原羚，它们一直延伸到地平线。没有建筑，没有栅栏，也没有马达，没有什么东西来扰乱这种和谐与静谧。我感到一种细致的愉悦，沉浸在与草原融为一体的感觉中。我们不想扰乱这宁静的景象，决定改天再来寻找新生的蒙原羚。

6 月 22 日。一个摇摇晃晃、湿漉漉的脑袋在草地上探出头来，警觉地竖起耳朵。时间是早上 6 点半，小家伙是在一小时内出生的。它的母亲之前一直和它卧在一起，现在从我们身边跑开了，在附近看着。从外阴部拖出的一缕脐带看，它还没有排出胞衣。我们没有继续打扰这对母子，决定一会儿再回来给这个小家伙称重、判断性别，并在它耳朵上夹上一个小号码牌，帮助我们识别。三小时后，当我们回到现场时，小原羚已经离开原地。不过，母原羚在300米外警惕地看着我们。小原羚到了它身边，它的毛干了。当我走近时，小原羚一动不动地蜷在地上，耳朵向后竖着。我跪在它面前，我们的脸几乎碰到一起，我看着它那双一眨不眨的漆黑眼睛。在它短短的生命中，我是它见过的第二张脸。它有什么想法？当拉瓦抱起小原羚，把它放进布袋里称重时，小原羚咩咩叫唤，但没有挣扎。我们希望袋子里的鼠尾草树枝能掩盖人类的体味。新生的小原羚是雄性，重4.3公斤。我们把它放回捡到它的地方，它又蜷缩起来，我们则撤退了。

在迁徙或游牧的物种如蒙原羚中，它们的群体不断地移动，幼崽必须在出生后不久就能跟上母亲，并和母亲待在一起。如果走散，它就会饿死，因为没有其他母原羚会给不认识的幼崽喂奶。比如，我观察过一只幼崽跑向走来的母原羚。它们闻了闻鼻子，母原羚又闻了闻幼崽的臀部，突然转身离去。幼崽在原羚群中继续奔跑，寻找自己的母亲。

为了说明新生幼崽的生长发育有多快，这里有两个例子，来自我的现场记录，是用望远镜从远处观察的。

1.0937，一只雌性蒙原羚舔舐它的新生幼崽。幼崽的头是湿的，部分羊膜囊覆盖着背部。0940，幼崽摇摇晃晃地抬起头。17分钟后，雌性低头朝向幼崽，幼崽试图站起来，却翻倒在地。雌性舔掉幼崽背上的羊水组织。接下来40分钟里，幼崽两次试图站起来，均向后摔倒。第75分钟，幼崽终于站起来，摇摇晃晃地走向4米外的母亲。幼崽立即开始寻找乳房，找到后吸吮了25秒。母亲向旁边移动了3米，幼崽弓着背跟着走，又吸吮了25秒。1052，母亲移动到100米外，可能是因为我们的车停在远处而感到紧张。幼崽跌跌撞撞地跟着母亲跑。它只出生了大约90分钟，行动好得令人惊讶。15分钟后，幼崽安定下来，我们抓住它，称量体重——雌性，10.5磅（4.8公斤）。我们一放开它，幼崽就跑向等待它的母亲。

2. 一只雌性蒙原羚从我们的车旁逃走，幼崽的头部从她的外阴部突出来。雌性小跑了大约600米，躺下，接着又向远处走了200米。一只一岁大的雌性走过来，用鼻子蹭了蹭她的头。1325（下午1点25分），她站起来，转身，又躺下。1330，她几次转过头，似乎在舔什么东西，但草丛遮住了我们的视线。一只雄性蒙原羚来到10米范围内，当雌性蒙原羚对着他站起来时，他就转向了另一边。雌性蒙原羚转过身来舔她的新生儿，持续了1分钟。出生22分钟后，新生原羚抬起头，两分钟后开始试图站起来，却倒在了一边。1427，出生57分钟后，幼崽站起来，在休息的母亲身边走了几步。9分钟后，当母亲站起来时，幼崽很稳当地围着转了一圈。1452，母亲开始吃草。幼崽从侧面走到母亲身下，吸吮了几秒钟。3分钟后，母亲用鼻子蹭它的臀部，持续25秒。母子都躺下了。1500，母子离开了出生地。出生仅90分钟的幼崽在跟随过程中发出了几声鸣叫。它是一只雄性，体重为8.9磅（4公斤）。

在随后的日子里，我们发现了更多的幼崽，很容易发现它们棕褐色的蜷缩身姿。但我们很快就知道，出生后几小时内幼崽就能跑得又快又远。我们需要一种新的技术来接近它们。我现在试着慢慢走近，在原羚能完全看到我的时候停下来。与此同时，拉瓦从另一边悄悄接近，然后用手和膝盖爬近，直到处于可以扑捉小原羚的位置。有时他能成功，有时小家伙在被抓住之前就逃走了。在随后的旅程中，我们带上渔民用的浸网，用于捞起小原羚。在生命的头三天左右，蒙原羚幼崽往往是"隐藏者"，躺在地上一动不动。之后的几天内，它变成"等待者"，躺在地上但保持警觉，等待母亲的归来，但也随时准备逃跑，甚至还会游荡一下。最后，经过一星期左右，它成为"跟随者"，紧跟在母亲身边。

蒙原羚群的产仔期是高度同步的，就像驯鹿、藏羚和其他迁徙的有蹄类一样。我们于6月22日观察到第一只小原羚，

一只新生的蒙原羚幼崽蜷在草地上，等待母亲的归来

大约 90% 的蒙原羚幼崽在其后的 12 天内出生。然而，到 7 月 10 日，仍有少数雌性蒙原羚没有生育。造成同步性的原因很复杂。幼崽在开阔的地形上很容易被捕食。实际上，相比在好几个月中分散生出幼崽，让幼崽集中在某个区域出生，可以确保更少的幼崽遭到捕食。此外，分娩发生在春末，严酷的冬季之后，此时有营养丰富的嫩草可供取食。雌性蒙原羚能够恢复冬季消耗的体重，有助于胎儿的成长，为成长中的幼崽提供充足的乳汁。

我们几乎每天都在捕捉和检查幼崽。到产仔季结束时，我们总共积累了 88 只幼崽的信息。雌雄比例相当。新生儿的平均体重不到 4 公斤，雄性往往比雌性重半斤左右。

有很多新的生命，也有死亡。例如，一只雌性蒙原羚从我身边跑过，绕了一圈，然后在远处观察。我继续搜寻，发现一只死掉的幼崽侧卧在地上，仍然带着体温。我从幼崽身上采集了两只蜱虫，然后做了解剖。它的腹股沟和胸部有很深的刺穿伤，大量内出血，伤口有异味，说明有严重感染。结论是这只幼崽遭到草原雕、金雕或秃鹫的袭击，虽然成功逃脱，但随后死于感染。

雌性蒙原羚偶尔会死于难产。我们发现一只死亡的雌性蒙原羚侧躺在地上，胎儿的头部从产道里冒出来。我们现在有了一个悲伤的任务，那就是进行尸检。母亲和幼崽的总重量是 30.5 公斤。幼崽一条前腿在母体中弯曲成奇怪的角度，所以无法滑出产道，母亲也无法将其排出。母亲的骨髓相当肥厚，表明它没有挨饿，尽管它的内部器官周围没有什么脂肪。骨髓是红色和胶状的，表明它的脂肪储备已经耗尽。母亲下颌第一颗臼齿磨损严重，说明这只原羚已过壮年。

兽类捕食者在产仔地相当少见。

这里有一些狗和赤狐，安德鲁·劳里还告诉我，他在一个狼窝里发现了四只小原羚的残骸。然而，人类捕食者无处不在。我们在一个地方发现两只母原羚和一只公原羚遭到屠杀。从丢弃的头颅看，它们都正值壮年。这些母原羚可能各

猎人在东部草原宰杀了两只蒙原羚作为食物

有一只小原羚，耐心等待母亲的归来，直到最终死去。另一次，我们发现两个男人站在马匹旁边。我们开车靠近，然后走过去查看。他们射杀了两只公原羚，兽皮和肉块散落在地上。拉瓦责备他们。他们回答道，他们需要这些肉来庆祝即将到来的全国节庆那达慕。他们中的一个有一支步枪，腕带上还有点22毫米口径的子弹。拉瓦伸出手，想检查步枪。那人退后，抽出一把鞘刀。他说："你可以带走我的马，但不能动我的枪。"他们收拾起原羚破碎的身体，塞进塑料袋，绑在马鞍后面，然后骑马离开。同一天晚些时候，我们发现一辆吉普车在草地上缓慢行驶，显然在打猎。通过望远镜，我可以看到吉普车后备厢装满了原羚的尸体。当我们驶近时，吉普车飞快地开走了。

雄性原羚在产仔季节往往会与雌性分开，可能聚集成多达 100 只或更多的群。然而，有些雄性原羚仍与雌性原羚混群，造成干扰。我看到一只雄性紧紧跟着一只雌性，它的脖子和头部向上伸展。它在展示自己硕大的喉结，后者能为空洞的咕哝声起到回音室的作用。它是在求偶吗？也许分娩的气味与发情很相似。雌性原羚的新生儿就在附近。它回到幼崽身边，雄性也跟了过来。新生幼崽摇摇晃晃地站起来，在雄性身下晃来晃去，似乎要吃奶。雄性对着幼崽抽动犄角，用两只前腿猛踢，然后再次紧跟雌性。母亲绕回自己的孩子身边，在它尝试吃奶的时候用鼻子摩擦它的臀部。执着的雄性再次上前，在雌性身后用后腿站立了四次，似乎要骑跨它，最后终于走开了。

这种雄性对雌性的骚扰不总是妥善完结。我发现过一具雌性原羚的尸体，体内有足月的胎儿。死因：肋骨下方有很深的刺伤，导致大量内出血。这个 25 厘米深的洞，无疑是由好斗且不耐烦的雄性用角刺伤的。

7 月 10 日，产仔季节基本结束。6 月中旬统计成年雌性原羚时，96% 已经怀孕，现在只有约 4% 还在等待分娩。我们该离开了。在这些天里，我们每天工作很长时间，称量小原羚的体重，鉴定它们的性别，对死亡的原羚做尸检，采集粪便和植物标本，收集其他必要的信息，以帮助我们思考蒙原羚的管理和保护。我们仍有许多东西需要学习。我 7 月离开蒙古，计划明年的产仔季节再回来。然而，蒙原羚遭遇新的问题，所以我于 11 月 2 日回到蒙古，开展了为期三周的调查工作。9 月初，安德鲁 · 劳里通知我，蒙原羚正在大批死亡。当时我正忙于西藏和沙捞越的项目，无法立即前来。11 月初，我一到蒙古，我们就考虑可能是什么疾病影响到这些动物。20 世纪 60 年代初，许多蒙原羚死于口蹄疫，可能经由家畜传染。拉瓦和我飞往乔巴山。在那里，东方省兽医诊所的兽医 D. 尼亚木苏仁（D. Nyamsuren）告诉我们，蒙原羚死于腐蹄病（*Fusobacterium necrophorum*），一种由夏季大雨引起的细菌感染。（当年 7 月的降雨量是平均水平的三倍。）细菌侵入沾满泥土的、变软的蹄子，导致蹄部上方肿胀，切断血液供应，最终导致坏疽。蒙原羚踏着受感染的蹄子痛苦地蹒跚前行，试图觅食，直到它们躺下，再也没能站起来。

我们得知在大草原的北部、东部和东南部死了很多蒙原羚。司机巴图赛汗带着我和拉瓦再次走进荒野。很快，我们发现原羚的尸体散落在草原上，有些地方是孤单的原羚，有些地方则聚成一群，似乎是为了集体死亡而聚集在一起。大多数尸体已经变成包裹着兽皮的骨架，其余的被蛆虫啃食殆尽。几乎没有尸体被狐狸、乌鸦或大鹭等食腐动物碰过。检查原羚尸体时，我注意到蹄子上面的病变和肿胀通常只是在一条或两条前腿上。我们记录性别，收集下颌骨，或至少收集一颗门牙，以便确定死亡年龄。骨髓能告诉我们关于动物的营养状况。当我们回到乔巴山，大多数夜晚身上都散发着腐烂和被蛆虫吃掉的尸体的独特气味。

来自 WCS 的兽医威廉（比利）· 卡雷什［William（Billy）Karesh］几天内就赶到了现场。这次腐蹄病的暴发提醒我们，疾病可能对野生动物种群产生突然和变化无常的影响。比利检查蒙原羚的血液和组织，评估此次传染病的证据，更重要的是，将结果与在家畜身上发现的传染病进行比较。我们现在与安德鲁 · 劳里和 UNDP 办公室的其他人、兽医尼亚木苏仁以及保护区主任 N. 才旺莫德格（N. Tseveenmyadag）博士合作，研究蒙原羚的疾病问题。

到 11 月 16 日，我们检查了 447 具蒙原羚尸体，这个样本量足以得出一些初步结论。通过切开门牙计算年龄环，我们发现，雌性蒙原羚的平均寿命比雄性长。大约 28% 的雌性在 6 岁到 10 岁死于脚部腐烂，而 36 只雄性中只有 1 只活到了 6 岁。蒋兆文及其团队的研究发现，他们在内蒙古检查的蒙原羚尸体，死亡时年龄最大的是 7.5 岁。正如我们的推测，经历怀孕、哺乳和脚部腐烂的压力后，雌性原羚骨髓中的脂肪已经耗尽，幼崽也一直在挨饿。相比之下，大多数成年雄性原羚的骨髓中仍保留有一些脂肪。

我们前几年的统计显示，6 月和 7 月出生的幼崽约有一半能活到冬季。但我们现在的统计显示，只有 11% 的成年雌性带有 1 只幼崽。因病而死的原羚中，幼崽并不是特别多。它们在哪里？它们死在草原上别的地方了吗？1997 年出生的一龄蒙原羚的死亡数量不成比例，至少比预期的多三倍。因此，像其他任何项目一样，我们四处碰壁，希望收集到的事实能帮助我们了解这个物种。

1999 年 6—7 月

1999 年 6 月 18 日，我回到乌兰巴托，急于监测新的蒙原羚产仔季。三天内，我们飞往乔巴山，在那里与拉瓦和柯克会面，还有俄罗斯原羚研究者瓦迪姆·基留克（Vadim Kiriliuk），他将不定期地加入我们。我得知蒙原羚还在去年产羔的同一区域，但没有形成大群，而是分散的小群。这也许是因为今年天气干燥，多汁鲜美的草料很稀少。产仔季从 6 月 23 日开始。第二天，比利·卡雷什和他的同事莎朗·迪姆（Sharon Deem）及时赶到，与我们一起采集新生原羚的血液。小原羚在出生后的几天里会保留母亲的疾病抗体。因此，不需要捕捉成年原羚，我们就可以了解它们接触过哪些传染病。比利和莎朗还收集了家养绵羊和山羊的样本。

简而言之，研究发现原羚和家畜共享各种疾病的抗体，在某些条件下可导致重大的疾病暴发。两者共享副流感 -3 和牛呼吸道病毒。我们已经知道这些病毒会导致牲畜的呼吸道疾病。蒙原羚还携带一种疱疹病毒传染性牛鼻气管炎的抗体。我们还在原羚和家畜中发现了牛腹泻病毒。北美白尾鹿的死胎和幼崽死亡与这种病毒有关。口蹄疫的高传染性病毒只在家羊身上发现。牲畜和原羚的痘病毒检测均为阳性，这种病毒通过直接接触传播，可能导致严重甚至致命的皮肤糜烂。成年原羚的尸体解剖显示出各种病理病变和肿瘤。而且，莎朗·迪姆和她的同事写道："据我们所知，没有其他野生有蹄动物种群有如此高的发病率。"这项重要的疾病调查强调了监测原羚和家畜种群健康的必要性。

每天观察新生幼崽及其母亲的任务仍在继续。到7月12日，除了少数几只雌性原羚外，所有雌性都已经分娩。现在，越来越多的母原羚带着隐藏的幼崽加入兽群。7月6日，约有65%的成年母原羚跟前有一只小宝宝；到7月12日，比例升到84%。由于无法解释的原因，去年很少有小原羚存活，但今年大多数母原羚都产下了一个后代。几场大雨使草原变得绿意盎然，在关键时刻提供了营养丰富的草料。比利和莎朗从幼崽身上采集的血样显示了一天之中的有趣变化。早晨采集的血样显示出较高的脂肪水平，到了中午就消失了。脂肪水平在进食后上升，而新生儿通常在早上吃奶，然后在母亲外出吃草回来后再次吃奶。处于饥饿状态的母亲很少或根本没有含有足够脂肪含量的乳汁来哺育后代。原羚似乎每年都会面对新的问题。柯克和我在监测原羚群时，强大的闪电袭击了草原。很快，我们注意到营地方向的山脊上升起一团草原失火的红光。火势渐渐逼近，我们必须把帐篷移到另一个地方。但火势再次追赶我们，在干燥的草丛中几乎无人注意地滑行，然后吞噬一丛高大的草，火势又猛烈起来。

很快，我们的营地变成草岛，周围是烧焦的草原和一堵烟墙。整片区域的针茅丛中都隐藏着新生的原羚。我担心它们的安危，沿着草地和燃烧的边缘独自走了很久。前面有一只年幼的原羚蜷在那里，大风吹动的火光越来越近。当火焰几乎碰到小原羚时，它逃到大约 40 米外的草丛中，再次趴下。另一只幼崽从火的边缘跌跌撞撞地跑过来，臀部被烧得焦黑。但它又蜷在火焰附近，再次后退，躺下，直到火焰几乎烧到它。当我走近时，一只小原羚从火焰中飞奔到烧焦的草原上，转了一圈，又一次躲进草丛。这些小原羚对烟雾和火焰没有表现出恐惧，尽管它们最终还是在高温烧焦皮毛时逃了出来。每只幼崽似乎都在犹豫，是否要离开母亲与它们分开的地方。附近有几只母原羚，但没有一只去找小原羚，把它们带到安全的地方。

随后几天，我们检查过火的区域，寻找被火烧死的幼崽。只有一只，臀部烧黑了，不过它可能事先被在天上盘旋的草原雕杀死并吃掉了一部分。后来我们开车四处查看，才意识到大火烧毁了大约 8000 平方公里的草原。母原羚和幼崽现在聚集成大型母幼群，数量多达数百甚至数千。幼崽聚成 20 多

一场草原大火在小原羚最终逃走前几乎把它烧焦了

只的群体，一起休息和玩耍。母亲在幼崽群徘徊，寻找自己的后代，偶尔会停下来，发出叫声。幼崽寻找它们的母亲，冲向母原羚，相互闻一闻后继续前进。

产仔季已经结束，现在是时候制订明年的计划了。明年，我们将使用无线电项圈，追踪蒙原羚的游牧式的移动。

2000 年 6—7 月

2000 年 6 月 23 日，我和凯一起回到乔巴山。我们和拉瓦、柯克、安德鲁、达利亚以及其他老朋友和野外同事见面。

第二天，经过五个小时的车程，我们到达野外营地。营地选址跟去年相同，搭起两个帐篷，一个用来做饭，一个用来睡觉。凯和我搭起自己的帐篷。几场雨过后，草原上出现一片绿色，短趾云雀在尽情歌唱。蒙原羚成群结队地点缀在草原上。6 月 21 日记录到第一例分娩，90% 的成年雌性原羚仍在孕期，预示着很快就会有大量小原羚出生。两天之内，我们给 10 个新生小原羚佩戴了无线电项圈，其中 4 只雄性，6 只雌性。项圈是可伸展的，所以随着小原羚长大，项圈也不会勒住它们的脖子。在这里的开阔地形上，甚高频无线电发射器应该可以将信号传送到接收器和定向手持天线上，接收距离大约 10—20 公里或更远。项圈里还有一个运动传感器，通过蜂鸣声的频率来显示小原羚是在安静地休息还是在活动。

现在我们真正的工作开始了。每一天，我们都必须找到每一只戴上项圈的小原羚，并在不打扰它的情况下确定它的准确位置。我们还需要日夜监测小原羚的活动。幸运的是，我们可以同时接收到几只小原羚的信号，直到它们跟着母亲离开。我们一共收集到 3799 个数据，每只个体每 15 分钟收听一次数据。达利亚、柯克和他们的同事在 2009 年总结了这些数据（《东部草原蒙原羚新生幼崽的活动、移动和社会性》）。原羚幼崽往往在日出和日落时分最活跃，那时它们可能正在母亲身边吃奶。上午晚些时候它们最不活跃，当母亲外出觅食时，它们会蹲在地上。总的来说，随着年龄的增长，小原羚变得更加活跃，两天大时活动时间占 24 小时的 18%，7 天大时占 29%，到 25 天大时占 54%，这时候它就能与母亲一起旅行了。我们已经注意到幼崽出生后几天内的奔跑速度。但无线电定位信号揭示，它们的移动速度远远超过我们的猜测。达利亚·敖登呼及其合著者在论文中写道："到了第 5—8 天，蒙原羚幼崽从捕捉点平均移动了 6.6 公里（范围 2—21 公里）……但仍然只看到它们单独或与母亲在一起。然而，到了第 24—26 天，它们的位置离捕捉点平均为 41 公里（范围为 24—63 公里）。"从出生地开始头 63 公里的移动是最令人印象深刻的！小原羚还必须学会社交，在出生后的第一周紧跟母亲，这时它可能会突然被成百上千的原羚包围。2001 年，研究小组又给 8 只小原羚戴了项圈，并且持续跟踪了近 185 天，直到次年 1 月。那时，每只小原羚距离出生地 134—206 公里。尽管在同一地区出生，这些幼崽并没有待在一起。柯克·奥尔森、托德·富勒等人的研究论文《蒙原羚的年度迁徙》指出："佩戴项圈的幼崽之间的最大距离是 161 英里（260 公里）。"

为了获得关于蒙原羚活动的更多细节，2003 年 9 月，团队捕捉了四只成年母原羚，不过我没有参与这项工作。团队给这些母原羚佩戴了 Argos 卫星定位项圈，每天传送一个定位点，持续一年左右。这些母原羚在不同季节的活动范围差异很大；在产仔期和冬季，它们的移动距离最小。这几只母原羚后来的活动范围，几乎没有任何重叠。柯克·奥尔森、托德·富勒等人在研究论文中介绍过项圈编号为41599的母原羚的定位信息。在产仔季，它的活动范围是363平方公里，春季是5954平方公里，夏季是3061平方公里，秋季是17195平方公里，冬季是2396平方公里，总的活动范围约29000平方公里。作者指出，这个范围只占整个草原地区的6.5%左右。活动范围的季节性变化表明，蒙原羚的栖息地质量或营养需求发生了变化，或者两者都发生了变化。蒙原羚没有显示出任何有规律的迁徙模式，而是游牧，从一个地方漫游到另一个地方，没有什么明显的模式。因此，草料可获得性也可能每年都在变化。在这一点上，蒙原羚不同于藏羚羊，藏羚羊的雌性（而非雄性）沿着特定的迁徙路线往返产仔地。但藏羚羊和蒙原羚一样，6月下旬有一个短暂的、不连续的产仔期，新生儿迅速成长发育并跟随母亲。

我们对原羚粪便中的植物残渣的分析表明，原羚取食多种植物，特别是各种草本植物、野葱、双子叶植物委陵菜以及低矮灌木锦鸡儿和艾草的枝梢。这些植物也备受牲畜的青睐，表明原羚和牲畜之间存在直接竞争。要了解原羚的活动模式，就需要了解植被生产力。是什么将原羚吸引到某些地区？柯克见过大约20万只蒙原羚聚集在一起。托马斯·穆勒（Thomas Mueller）、柯克和他们的同事使用卫星影像来回答这个问题，并于2008年发表科学论文《寻找牧草》。卫星使用归一化差异植被指数（NDVI）来测量植物的初级生产力。结果显示，草原生物量的模式比较复杂。作者写道："蒙原羚喜欢中间范围的植被生产力，大概是面临着质量 – 数量的权衡，其中低 NDVI 的区域受限于摄取率，而高 NDVI 的区域受限于成熟牧草的低消化率。"因此，作者总结说，即使不考虑其他因素，如高牲畜密度和商业开发，原羚偏好的栖息地也受到地方和季节的巨大影响。"在整个研究期间，只有大约 15% 的研究区域始终是原羚的栖息地，这表明原羚需要在广阔的区域内寻找食物。"此外，E. V. 罗特希尔德（E. V. Rotshild）等人的研究表明，牧草中的微量元素水平，如铜、锌和钒，可能会刺激或抑制动物体内疾病有机体的生长，这是原羚广泛漫游的另一个原因。

总之，从这些统计数字和研究数据中我们可以看出，只有对整个草原景观进行详细和创造性的规划，才能在这个壮阔的偏远地带拯救壮观的蒙原羚种群。规划必须考虑到发展的威胁、牧草可获得性的变化、原羚移动受到的阻碍，以及与牲畜的竞争。规划者还需要监测蒙原羚及其栖息地的健康、繁殖力和死亡率。

第八章

重返长生天之下

无可厚非，旨在提高人类生活质量和保护地球活力与多样性的行动，需要大量的财政资源。然而，我们谈论的是我们唯一的家园——地球，以及人类文明的命运，唯一合理的做法是，调动所有可用和潜在的资源。

毕竟，问题不在于钱，而在于我们做出使人类走出死胡同，进入可持续资源世界的决心和准备。只有这样做，我们才无愧于我们所继承的地球环境的文明和管理权。

蒙古国自然和环境部部长

赞巴·巴特吉日嘎拉，2007 年

我渴望回到东部大草原，去看看明亮的晨曦洒在广袤辽阔的草原上，去看看成群的灰褐色蒙原羚流动。我渴望再次成为长生天的一部分，感受奢侈的自由与孤独。我听说过去十年里，草原上的石油和矿业开发大为增加。大约 2500 年前，希腊哲学家赫拉克利特说过："除了变化，没有什么是永恒的。"而今天，人们也必须问，是否"没有任何东西能免于发展的压力和破坏"。2018 年 6 月 18 日，当我的航班降落在乌兰巴托时，我想知道蒙古在我离开的十年里，发生了哪些变化。柯克·奥尔森来机场接我，把我带到他家中。他安家在俯瞰乌兰巴托的山坡上，这面草坡上生活着一些旱獭。在那里，他的妻子奥云娜（Oyuna）和刚上学的女儿海洋（Ocean）热情迎接了我。我对乌兰巴托市的规模感到惊讶。它沿着图拉河谷绵延数公里，许多街区建起新公寓楼，有些建筑有 20 层或更高。乌兰巴托现在有 150 万人口，占全国总人口的一半。

第二天进入乌兰巴托时，我发现它已经成为一个大都市。交通拥挤不堪，也很难找到停车位。许多汽车闪闪发光，崭新而昂贵。来自欧洲的品牌专卖店挤满大街小巷，杂货店里的货物甚至堆到了人行道上。妇女长及脚踝的长袍和男性系有宽腰带的长袖长袍，这种传统服装现在很少有人穿了。经历20世纪90年代初的灾难之后，乌兰巴托恢复了活力。当我在七层楼高的百货公司里闲逛时，这一点确实很明显，每一层都挤满衣服、食品、玩具、电子产品和其他很多商品。在乌兰巴托的中心广场，为蒙古国独立而战的英雄达木丁·苏赫巴托尔仍然骑在奔马的背上，而他在乔巴山的巨大陵墓已被移至别处。

柯克把我带到WCS在蒙古的办公室，他也在那里有一张桌子。恩和图布新·希力格丹巴（Enkhtuvshin Shiilegdamba），一位人称“恩基”（Enkee）的兽医，干练地管理着大约20名员工，他们的工作重点是野生动物、栖息地和社区研究。江布拉·赛日格楞呼（Jambal Sergelenkhuu），简称“赛吉”（Seegii），是一位植物学家，向我展示了《胡斯泰国家公园花卉》一书，还有一本关于普氏野马重引入地区的宝贵的野外指南。我很高兴能再次见到加齐勒·次仁德勒格的儿子达什卡（Dashka）。达什卡为WCS工作，他的兄弟普日布（Purev）是胡斯泰努鲁（Hustai Nuruu）国家公园的主任。这两位都继承了父亲伟大的保护传统，他们的父亲肯定感到无比的自豪。我的同事康蔼黎顺道来访，她和我在中国开展过六次调查。蔼黎现在负责管理WCS的中亚项目。她将与柯克和我一起去看东部大草原，之后我们将与 WCS 主席兼 CEO 克里斯蒂安·桑佩尔（Cristian Samper）一起去西藏。和我们一起去草原的，还有 WCS 蒙古办公室的宝乐其其格·桑加（Bolortsetseg Sanjaa）。桑加出奇高效，成为我们团队可贵的新增力量，协助我们完成从做饭到野生动物观察的所有任务。

6 月 21 日，我们向东出发，柯克驾驶他的老式吉普旅行车。我们的目标是穿越大草原，到达东端的讷木勒格严格保护区，然后沿另一条路线返回乌兰巴托。经过乌兰巴托附近的巨大煤矿，我们很快进入了连绵的草场。由于干旱以及无人看管的牲畜被大量放牧，草茬被晒成了褐色。黄昏时分，我们在克鲁伦河（Kherlen River）河畔扎营。第二天早上，我们继续向省会城市温都尔汗（Undur Khaan）和西乌尔特（Baruun-Urt）前进。圆形的蜘蛛网平整地延展在地上，上面挂着露水，在阳光下闪闪发光。我们停下脚步，从高处扫视阳光下的大草原。草原向四面八方延伸，可以看出有人类踏足的物什就是两个蒙古包。

我们在马塔德县城停靠，购买汽油和补给。1993 年我到这里时，城镇里没有电，没有汽油，超市的货架是空的。如今，我在一家杂货店查看包装上的标签，货架上的商品满满当当。有些商品是蒙古生产的，但大多数是从中国和俄罗斯进口的，还有部分来自德国。商店里还有印度尼西亚的饼干、伊朗的橙汁和阿根廷的巧克力棒。蒙古确实已经成为全球市场经济的一部分。短短 20 年间，蒙古发生了令人印象深刻的变化。

我们到访这个特定区域，还有一重目的。柯克得知，在 2017 年 6 月和 7 月，这里有许多蒙原羚死于一种未知的疾病，也可能是死于干旱。凶手不太可能是 1998 年杀死许多原羚的腐蹄病。我们了解到死亡的大致位置，蒙古包里的牧民把我们引到草原上的一座石山。我们在那里扎营，GPS 给出的坐标是北纬 47° 13′，东经 115° 28.5′。第二天一早，我们立即发现了原羚的尸体。雌性原羚散落在岩石山坡上，现在只剩下包裹在干皮里的骨头。狐狸和秃鹰已经撕开一些尸体，但大多数尸体还保持着死亡时的样子。有些尸体是单独的，其他尸体则躺在一起，仿佛在寻求死亡时的安慰。有些是蜷缩着的,有些则僵硬地伸着腿。中空的尸体是灰蛾的“度假胜地”。当我们检查牙齿的萌发和磨损以确定原羚的大致年龄时，灰蛾自尸体内成群结队地飞出。死亡正好发生在一年前的产仔季。在这座忧郁的山上漫游时,我们发现许多死去的新生幼崽,愈加感到难过。一些幼崽尸体挤在一起。在一条岩石裂缝里，有一只母原羚和八只小原羚层叠堆积在一起。在另一个地方，四只新生幼崽的尸体腿脚交织，似乎在寻求慰藉。到了下午早些时候，我们已经检查完这座山上的 252 具尸体，而且我们得知还有其他类似的地方。蒙原羚尸体中只有一只是公的，角和牙齿表明它的年龄是两岁。

是什么疾病导致产仔季的大规模死亡？柯克从一些骨头上收集骨髓，希望能在实验室中确定病原体。他怀疑罪魁祸首是一种叫作“PPR”（小反刍兽疫）的病毒性疾病。这种疾病源自非洲，正向全球蔓延。据我们所知，“PPR”曾在蒙古杀死过赛加羚羊。这种疾病的症状是发烧、腹泻和口腔溃疡。2018年的原羚产仔季已经开始。在检查尸体的第二天，我们看到两小群母原羚，带着四只新生幼崽。这么多受感染的原羚遗体散落在草原上，我们只能祝愿新的一代好运。

继续向东，我们很快看到一个石油开发项目。它的坐标是北纬47° 57′和东经116° 12′，沿着宽阔的浅谷延伸，一排排井架缓缓放下又抬起球状的头部。这是中石油的若干开发项目之一，现场有成群的营房、大棚和储油罐。石油工人都是中国人。中国油罐车队将石油运送到中国南部进行提炼。

6月25日，我们碰到一个巨大的农业开发项目。如果未来某些时候有人想来这里看一下，该地的坐标是北纬47° 31′，东经118° 34′。开发项目占地3000平方公里。蒙古国自己只能生产所需小麦的30%，其余的必须进口。通过开垦草原，政府希望能增加小麦产量。在这里，部分田地里的小麦已经发芽，另一些田地处于休耕状态。大型分蘖机切开更多的草场。拖拉机播撒杀虫剂。我感到震惊！难道蒙古没有从它的邻居内蒙古那里学到任何东西，还是政府宁愿忽略所有的证据？草原是一种温和的景观，没有天然的防御措施来抵御耕作和掠夺。蒙古正迈向灾难。毗邻的内蒙古开垦草原之后，遭受了大范围的沙漠化、水土流失，严重的黄色沙尘暴吞噬了北京和整个华北地区。1992 年，中国国家科学委员会的报告指出，内蒙古“与 1965 年相比……退化草原增加了 2870 万公顷，草地总产量下降了 30%”。今天的统计数据是什么？我捧起一把被耕开的土壤，它在我手中只是干粉，一阵强风将它吹走。前方在一块耕地的一端，几个沙尘旋风向天空飞去，这是另一个未来的预兆。更糟糕的是，蒙古正受到气候变化的严重影响。夏季和冬季的温度更加极端，严重的干旱影响了水的供应。UNDP 实施了一个重大项目，帮助社区可持续地利用稀缺的水。然而，在我面前，这个国家的沙漠化仍在继续，没有得到控制。

一旦草原被开垦，众多植物和动物之间微妙的相互依存关系将被永久破坏。一些物种已经死亡，特别是各种土壤生物；一些物种已经迁走；而新的物种开始入侵。草原将永远无法恢复它的原始状态。蒙古会至少让珍贵的草原免遭开发，将保护置于获利之上吗？

驶过一段开阔的草原，草长得很高，没有牲畜，我们接近纳木勒格严格保护区附近的松贝尔镇。在松贝尔镇我们见到了麦格玛苏仁，我们 2002 年的向导。柯克能说一口流利的蒙古语，向他询问纳木勒格野生动物目前的状况。麦格玛苏仁说，对哲罗鲑和其他鱼类的捕捞仍然不受管制，杀虫剂正在污染讷木勒格河；但从积极的方面看，由于受到更好的保护，驼鹿和其他鹿的数量有所增加。

在2002年的考察中，我们得知讷木勒格的缓冲区内已有两个铁矿。2008年新增了一处矿山，而且缓冲区内还有一块麦田。我们在一个边防哨所附近停下来，看看建在讷木勒格河上的新桥。一旦计划中的铁路和千禧公路通到这里，铁矿石、煤炭和其他资源就可以轻松出口到中国。一位魁梧的蒙古士兵陪同我们来到桥上。大桥很吸引人，建有雄伟的入口拱门，栏杆上有金色雕塑，展示嘶鸣、咆哮和奔跑的马匹。两国边境就在大桥中间。几个中国年轻人从另一边向我们挥手，我们也挥手回应。

我自然对采矿公司持续不断地侵入保护区感到担忧。2005年，保护主义者约翰·法灵顿（John Farrington）在一篇文章中指出："目前，采矿业是蒙古国政府最重要的单一税收来源。……然而，如果蒙古国的保护区要发挥预期的作用，实现为蒙古国的子孙后代保护环境资源的目标，就必须执行有关保护区和采矿的相关法律。"我们向边防警察报备，并获得旅行许可证后，向西边的乌兰巴托出发。像往常一样，我们在大草原上扎营，各自搭起自己的帐篷，然后携手搭起公用的帐篷。柯克和桑加喜欢做饭。晚饭前，我们手握酒杯，在伟大的长生天之下分享经验和梦想。这里除了我们，没有其他人。凌晨4点刚过，我随着第一道曙光起身。风很大，天气很冷，我蜷缩在车里写笔记。

吃完早餐，我们不到7点就继续上路了。

穿过一个高地时，我们看到成捆的干草，数以百计，散落在草原上。我们了解到，这些干草是在前一年的8月下旬割下的，而且从未收集起来。干草收割的范围达300平方公里。这里每年大约收割40万吨干草，出口到中国。这些干草包尺寸巨大，大约有1.8×1.2×1.3米。在将近一年的时间里，它们暴露在各种天气下，也开始解体。反复割草无疑对草场产生了不利影响。如果草场的年生产量被收割超过60%，它就会退化。移除覆盖在土壤上的草会使土壤变干，容易受到风的侵蚀，这将耗尽土壤中的有机养分。最后，草的根部可能会枯萎，无法获得被烤干的地表下储存的水分。饥饿的牲畜也可能把衰弱的植物连根拔起。随着草的死亡，草场将变成荒芜的平原，只有部分地方覆盖着坚强的杂草。

我们继续向西，来到乔巴山。20世纪90年代初被摧毁的建筑已经被清除，许多新的公寓楼拔地而起。诺敏大卖场由地毯厂改建而来，有大量的商品出售，包括五张狼皮。在城西不远处，我们看到一群又一群的蒙原羚。大多数原羚群都很小，但有一群大约有2000只，另一群有5000只。这些原羚很害羞，比我印象中的还要害羞，一看到我们的车就跑开了。大多数是雌性，有些还带着刚出生的幼崽。草原给我展示了大约9000只蒙原羚，不可能有比这更荣耀的告别礼物了。

继续向乌兰巴托前进时，我开始思索我们对草原资源开发的观察。我们的旅行只有短短十天，却能够看到采矿、采油、割草和耕种的影响。当然，我知道，对金钱情有独钟的大企业统治着很多国家，包括那些决定开发什么的政治家。政府能否变得开明，将生态价值融入决策，以创造人道和公平的世界，在经济和环境上可持续发展的世界？蒙古有六十多部关于自然保护的议会法律和政策文件。然而，人们随意规避这些法规，并不觉得有什么集体责任。我在这本书中举了很多例子。从成吉思汗的统治看，他似乎比今天的大多数政治家更有生态意识，对环境有更深的感情。我的评论不是为了贬低一个对我如此热情好客的国家。我只想让她的人民团结起来保卫自然，激励他们遵照自己的知识和同情心来保护和管理草原和其他生态系统。毕竟，蒙古 1991 年的宪法承诺，每个公民都有权“生活在安全和健康的环境中”。蒙古还承诺在 2030 年前保护全国 30% 的土地。我将等待她实现这些宏伟目标的好消息。

实际上，蒙古已经建立不错的保护区系统。这个系统能继续存在吗？目前，管理和保护所有保护区的警卫太少了。警卫的工资也很低，而且缺乏交通工具和其他必要装备来完成工作，政府必须纠正这一点，才能实现保护区的目标。促进旅游业的发展能产生收入，相当一部分收入可以分给当地社区，培养社区保护野生动物和栖息地的坚定决心。

但是，我们穿越大草原时，看到部分草场已经枯萎，过度放牧或被“开发”，我自然会担心草原的未来。恶劣天气、牲畜疾病和其他问题，严重影响了牧民家庭的生计。牲畜依靠健康的草场为牧民家庭提供生计，提供肉、羊毛、牛奶、皮、粪便和运输，而且往往是现金收入的唯一来源。我在本书的不同章节中讨论过草场退化，特别是第四章。蒙古的经济如此依赖草原，而我在这次旅行中沮丧地观察到，草原的未来令人疑虑重重。2006 年，道格拉斯·约翰逊（Douglas Johnson）及其同事发表过一篇文章，其中谈到的各种问题在今天依然很有针对性。

如今，蒙古的草场正处于关键的过渡时期。游牧业作为蒙古土地利用的切实可行且有生产力的手段，正遭受质疑。在过去十年里，牲畜数量的增加，牲畜空间分布因水井破坏而缩减，许多放牧管理系统的崩溃，严重的冬季风暴，以及一系列的干旱年份，这些因素结合在一起，极大地影响全国大部分地区的草场生态状况和草场资源的长期生态稳定性。这种情况会影响许多牧民家庭生计的长期可持续性。

别忘了，蒙古在 20 世纪发生了巨大的变化。这个国家从计划经济发展到了市场经济，许多牧民家庭搬到了城镇。然后在 1992 年，集体所有制被废除，牲畜再次成为私有财产。牧民家庭和牲畜的数量都急剧增加。同时，各家各户突然发现自己没有放牧的规章制度，只有地方政府的无效指令。因此，牧民家庭倾向于集中在水和人口中心附近。约翰逊及其同事写道："然而，蒙古牧民越来越多地认为，局部的过度放牧，特别是缺乏流动性，导致生态状况和饲草产量显著下降。"社区附近严重的过度放牧现象仍然很明显。约翰逊等人指出："与过去的时代相比，现在有更多的人从事畜牧业生产，并依赖畜牧业作为生计来源。"

文章进一步指出："蒙古的牧民社区目前无法充分应对因政府政策、环保活动、不断变化的生产经济，以及日益城市化的人口对食物欲望的转变而产生的新模式。这些变化正在影响牧民社区的社会、经济和生态的可持续性。"正如我注意到的，草原的工业化将对栖息地和放牧文化的持续性产生持久的影响。而随着气候变化和更多更恶劣天气的出现，草原将面临越来越大的压力。东部大草原可以储存大量的碳。对草原的破坏，例如开垦为耕地，会加速气候变化。蒙古是否会调整其政策和管理项目，以保留切实可行的畜牧业生产系统？成群的蒙原羚能否持续生存并继续吸引游客和当地人？令人担忧的问题是，蒙古国的政府部门和发展机构似乎对其环境决策的实际影响认识不足。

回到乌兰巴托，我住进库苏古尔湖酒店，它是乌兰巴托现今二十多家豪华酒店之一。我的房间在二十三楼，有一个装饮料的冰箱，一个电咖啡壶，一个有热水的浴室，以及其他设施。当我回忆起四分之一世纪前斯巴达式的酒店条件时，我感到相当豪奢。我必须在城里等上几天，7 月 4 日再前往西藏。这是拜会老朋友和同事的好机会。蒙古已经成为吸引外国保护人士的“磁铁”。国际鹤类基金会的乔治・阿奇博尔德（George Archibald）也在这里工作。丹・米勒（Dan Miller）曾和我在西藏羌塘高原结伴而行。安德鲁・劳里、理查德・雷丁、劳尔・瓦尔德斯（Raul Valdez）等人都重新唤起我珍贵的记忆。这样的聚会也让我有借口去尝试乌兰巴托的许多新餐厅——有中国四川、印度、韩国、日本等地的各种菜式。恩基和我参观了国家现代艺术馆，赛吉和我还去看了一场演奏蒙古传统音乐的音乐会，音乐会的特色是嗓音低沉的喉音歌手和戴着凶猛面具的舞者。我记录下了显示这个城市短短几年内巨大变化的一切。

还有一个特殊的荣耀等待着我。在 WCS 安排的公开会议上，赞巴・巴特吉日嘎拉部长向我颁发了一枚奖章，一个政府奖项：“蒙古国自然与旅游部杰出环保雇员”。这枚奖章跟蒙古国旗类似：蓝色代表永恒的天空，红色代表自由和进步。奖章上面还有象征火、太阳、月亮、地球和水的蒙古国徽。此外，WCS 还给了我一个装满干奶酪碎的小银碗，表示组织的尊重和欢迎，我在草原上访问游牧家庭时遇到过。我很珍惜在乌兰巴托的这几天，并且，一如既往地期待着回到绿草和原羚、太阳和天空的土地上。

附　录

一　涉及物种的学名

以下是书中提到的蒙古兽类和鸟类的学名。

兽类

地松鼠　Ground squirrel　*Spermophilus sp.*

西伯利亚旱獭　Siberian marmot　*Marmotas ibirica*

仓鼠　Hamster　*Cricetelus sp.*

田鼠　Vole　*Microtus sp.*

跳鼠　Gerbil or jerboa　*Allactago sp.*

鼢鼠　Zokor　*Myospalax sp.*

猪獾　Hedgehog　*Hemiechinus dauricus*

鼠兔　Pika　*Ochotona sp.*

蒙古兔　Tolai hare　*Lepus tolai*

貉　Raccoon dog　*Nyctereutes procyonoides*

艾鼬　Steppe polecat　*Mustela eversmanni*

兔狲　Pallas'scat　*Otocolobus manul*

猞猁　Lynx　*Lynx lynx*

雪豹　Snow leopard　*Panthera uncia*

沙狐　Corsac fox　*Vulpes corsac*

赤狐　Red fox　*Vulpes vulpes*

狼　Wolf　*Canis lupus*

棕熊　Brown bear　*Ursus arctos*

普氏野马　Przewalski's horse　*Equus Przewalskii*

蒙古野驴　Khulan（onager; Mongolianwild ass）*Equus hemionus*

野骆驼　Wild Bactrian camel　*Camelus bactrianus ferus*

野猪　Wild pig　*Sus scrofa*

狍　Roe deer　*Capreolus pygargus*

马鹿　Red deer　*Cervus elaphus*

驼鹿　Moose　*Alces alces*

鹅喉羚　Black-tailed（goitered）*Gazella subgutturosa gazelle*

蒙原羚　Mongolian gazelle　*Procapra gutturosa*

赛加羚羊　Saiga antelope　*Saiga tatarica*

北山羊　Ibex　*Capra sibirica*

盘羊　Argali sheep　*Ovis ammon*

鸟类

石鸡　Chukar partridge　*Alectoris chuka*

斑翅山鹑　Daurian partridge　*Perdix dauricae*

黑琴鸡　Black grouse　*Tetrao tetrix*

蓑羽鹤　Demoiselle crane　*Grus virgo*

白枕鹤　White-naped crane　*Grus vipio*

大鸨　Great bustard　*Otis tarda*

波斑鸨　Houbara bustard　*Chlamydot usundulate*

毛腿沙鸡　Pallas's sandgrouse　*Syrrhaptes paradoxus*

凤头麦鸡　Northern lapwing　*Vanellus vanellus*

黑鸢　Black kite　*Milvu migrans*

胡兀鹫　Bearded vulture　*Gypaetus barbatus*

高山兀鹫　Cinereous vulture　*Aegypius monachus*

普通鵟　Common hawk　*Buteo buteo*

大鵟　Upland hawk　*Buteo hemilasius*

金雕　Golden eagle　*Aquila chrysaetos*

草原雕　Steppe eagle　*Aquila nipalensis*

红隼　Kestrel　*Falco tinnunculus*

猎隼　Saker falcon　*Falco cherrug*

鸬鹚　Cormorant　*Phalacrocorax sp.*

小嘴乌鸦　Carrion crow　*Corvus corone*

渡鸦　Raven　*Corvus corax*

蒙古百灵　Mongolian lark　*Melanocorypha mongolica*

凤头百灵　Crested lark　*Galerida cristata*

短趾百灵　Short-toed lark　*Calandrella brachydactyla*

漠鹏　Desert wheatear　*Oenanthe deserti*

二　延伸阅读

以下资料为本书提供了文本材料，也可供进一步阅读，了解蒙古的土地和野生动物。

Andrews, Roy Chapman. *End sof the Earth.* New York: Putnam's, 1929.

Andrews, Roy Chapman. *The New Conquest of Central Asia.* New York: American Museum of Natural History, 1932.

Arnold, Chris Feliciano. *The Third Bank of the River.* New York: Picador, 2018.

Barfield, Thomas. *The Perilous Frontier: Nomadic Empires of China.* Oxford: Basil Blackwell, 1989.

Batjargal, Zamba. *Fragile Environment, Vulnerable People and Sensitive Society.* Tokyo: Kaihatu-Shah, 2007.

Batsaikhan, Nyamsuren, Bayarbaatar Buuveibaatar, Bazaar Chimed, et al. "Conserving the World's Finest Grassland Amidst Ambitious National Development." *Conservation Biology* 28, no. 6

(2014) : 1736–39.

Bawden, C. R. *The Modern History of Mongolia.* London: Kegan Paul, 1989.

Becker, Jasper. *The Lost Country: Mongolia Revealed.* London: Hodder and Stoughton, 1992.

Berger, Joel. *Extreme Conservation.* Chicago: University of Chicago Press, 2018.

Bruun, Ole, and Ole Odgaard, eds. *Mongolia in Transition: Old Patterns, New Challenges.* Richmond, UK: Curzon, 1996.

Chadwick, Douglas. *Tracking Gobi Grizzlies: Surviving Beyond the Back of Beyond.* Ventura, Calif: Patagonia, 2017.

Clark, Emma L.,and Munkhbat Javzansuren, comps. *Mongolian Red List of Mammals.* London: Zoological Society of London, 2006.

Deem, Sharon, William Karesh, and Michael Linn, et al. "Health Evaluation of Mongolian Gazelles, *Procapra gutturosa,* on the Eastern Steppes." *Gnusletter* (IUCN) 20, no.1 (2001) : 18–20, and 21, no.1 (2002) : 23–4.

Douglas, William O. "Journey to Outer Mongolia." *National Geographic Society* 121, no.3 (1962) : 289–343.

Farrington, J.D. "The Impact of Mining Activities on Mongolia's Protected Areas: A Status Report with Policy

Recommendations." *Integrated Environmental Assessment and Management*1, no.3 (2005) :283–89.

Forrest, Jessica, Nikolai Sindorf, and Ryan Bartlett. *Guardians of the Headwaters.* Vol. 2: *Biodiversity, Water and Climate in Six Snow Leopard Landscapes.* Washington, D.C.: World Wildlife Fund Technical Report, 2017.

Galbreath, Gary, Colin Groves, and Lisette Waits. "Genetic Resolution of Composition and Phylogenetic Placement of the Isabelline Bear." *Ursus*18, no.1 (2007) :129–31.

Germeraad, Pieter W., and Zandangin Enebisch. *The Mongolian Landscape Tradition: A Key to Progress.* Schiedam, The Netherlands: BGS Schiedam, 1996.

Gwin, Peter. "Raiders of the Sky." *National Geographic* 234, no.4 (2018) : 98–121.

Hambly, Gavin, ed. *Central Asia.* New York: Delacorte, 1966.

Hare, John. "Ghost of the Gobi." *Wildlife Conservation* (NewYork) 101, no.6 (1998) :24–9.

Hare, John, *The Lost Camels of Tartary.* London: Little, Brown, 1998.

Hedin, Sven. *Central Asia and Tibet.* 2 vols. London: Hurst and Blackett, 1903.

Jamsran, Undarmaa, Kenji Tamura, Natsagdorj Luvsan,

and Norikazu Yama-naka, eds. *Rangeland Ecosystems of Mongolia.* Ulaan Baatar: Munkhiin Useg, 2018.

Jiang, Zhaowen,Seiki Takatsuki,Gao Zhongxin,and Jin Kun. "The Present Status, Ecology and Conservation of the Mongolian Gazelle, *Procapra gutturosa:A Review*." *Mammal Society* (Japan) 23, no.1 (1998) :63–78.

Johansson, Orjan. "Unveiling the Ghost of the Mountain: Snow Leopard Ecology and Behaviour." Ph. D. diss., Swedish University of Agricultural Sciences, Uppsala, 2017.

Johnson, Douglas, Dennis Sheehy, Daniel Miller, and Daalkhaijav Damiran. "Mongolian Rangeland in Transition." *Secheresse* 17, nos.1–2 (2006) :133–41.

Lattimore, Owen. *Nomads and Commissars.* New York: Oxford University Press, 1962.

Lhagvasuren, Badanjavin, and E. Milner-Gulland. "The Status and Management of the Mongolian Gazelle (*Procapra gutturosa*) Population." *Oryx* 31 (1997) :127–34.

Mallon, David. "The Snow Leopard, *Panthera uncia,* in Mongolia." *Int.Ped.Book of Snow Leopards* 4 (1984) :3–9.

Man, John. *Gobi.* London: Weidenfeld and Nicolson,1997.

McCarthy, Thomas Michael. "Ecology and Conservation of Snow Leopards, Gobi Brown Bears, and Wild Bactrian Camels in

Mongolia." Ph. D. Diss., University of Massachusetts, Amherst, 2000.

McCarthy, Thomas, Todd Fuller, and Bariusha Munkhtsog. "Movements and Activities of Snow Leopards in Southwestern Mongolia." *Biological Conservation*124 (2005) :527–37.

McCarthy, Thomas, and David Mallon, eds. *Snow Leopards.* London: Academic Press, 2016.

McCarthy, Thomas, Lisette Waits, and Batmukh Mijiddorj. "Status of the Gobi Bear in Mongolia as Determined by Noninvasive Genetic Methods." *Ursus* 2, no.1 (2009) :30–8.

Mueller, Thomas, Kirk A.Olson, Todd K. Fuller, et al. "In Search of Forage: Predicting Dynamic Habitats of Mongolian Gazelles Using Satellite-based Estimates of Vegetation Productivity." *Journal of Applied Ecology* 45 (2008) : 649–58.

National Research Council. *Grassl and Sand Grassland Sciences in Northern China.*Washington, D.C.: National Academy Press, 1992.

Odonkhuu, Daria, Kirk A.Olson, George B.Schaller, et al. "Activity, Movements, and Sociality of Newborn Mongolian Gazelle Calves in the Eastern Steppe." *Acta Theriologica* 54, no. 4 (2009) : 357–62.

Olson, Kirk A. "Ecology and Conservation of Mongolian Gazelle (*Procapra gutturosa* Pallas 1777) in Mongolia." Ph.D.

Diss., University of Massachusetts, Amherst, 2008.

Olson, Kirk A., and Todd K. Fuller. "Wildlife Hunting in Eastern Mongolia: Economic and Demographic Factors Influencing Hunting Behavior of Herding Households." *Mongolian Journal of Biological Science* 15, no.1（2017）: 37–46.

Olson,Kirk A., Todd K. Fuller, Thomas Mueller, et al. "Annual Movements of Mongolian Gazelles: Nomads in the Eastern Steppe." *Journal of Arid Environments* 74（2010）:1435–42. doi:10.1016/j. jaridenv. 2010.05.022.

Olson, Kirk A.,Todd K.Fuller,George Schaller, et al. "Estimating the Population Density of Mongolian Gazelles *Procapra gutturosa* by Driving Longdistance Transects." *Oryx* 39, no. 2（2005）:164–69.

Olson, Kirk A., Todd K. Fuller, George Schaller, et al. "Reproduction, Neonatal Weights, and First-year Survival of Mongolian Gazelles（*Procapra gutturosa*）." *Journal of Zoology* 265（2005）:227–33.

Olson, Kirk A., Elise Larsen, Thomas Mueller, et al. "Survival Probabilities of Adult Mongolian Gazelles." *Journal of Wildlife Management* 78,no.1（2013）:1–8.

Olson, Kirk A., George Schaller, L. Myagmasuren, et al. "Status of Ungulates in Numrug Strictly Protected

Area." *Mongolian Journal of Biological Sciences* 2, no.1（2004）: 51–3.

Owen, Stephen. *The Great Age of Chinese Poetry: The High T'ang.* New Haven: Yale University Press,1981. The Li Bai poem in Chapter 3 is quoted from this source.

Przhevalsky [Przewalski], Colonel N. [Nikolay] .*From Kulja, Across the Tian Shan to Lob-Nor.* Trans. E.Delmar Morgan. London: Sampson, Low, Marston, Searle and Rivington,1879.

Reading, Richard, Sukhiin Amgalanbaatar, and Ganchimeg Wingard. "Argali Sheep Conservation and Research Activities in Mongolia." *Open Country* 3（Fall 2001）:25–32.

Reading, Richard, Dulamtserengiin Enkhbileg, and Tuvdendorjiin Galbaatar, eds. *Ecology and Conservation of Wild Bactrian Camels* (Camelus bactrianus ferus）. Ulaan Baatar: Mongolian Conservation Coalition, 2002.

Reading, Richard, Henry Mix, Badanjavin Lhagvasuren, and Evan Blumer. "Status of Wild Bactrian Camels and Other Large Ungulates in South-western Mongolia." *Oryx* 33, no.3（1999）: 247–55.

Rivals, Florent, Nikos Solounias, and George Schaller. "Diet of Mongolian Gazelles and Tibetan Antelopes from Steppe Habitats Using Premaxillary Shape, Tooth Mesowear and

Microwear Analysis." *Mammalian Biology* 76 (2011) :358–64.

Rotshild, E.V. "Infectious Diseaseas Viewed by a Naturalist." *Open Country* 3 (Fall 2001) :46–62.

Schaller, George. "On Meeting a Snow Leopard." *Animal Kingdom* 75, no. 1 (1972) : 7–13.

Schaller, George.*Tibet Wild.* Washington, D.C.: Island Press, 2012.

Schaller, George. *Wildlife of the Tibetan Steppe.* Chicago: University of Chicago Press,1998.

Schaller, George, and Badamjavin Lhagvasuren. "A Disease Outbreak in Mongolian Gazelles." *Gnusletter* (IUCN) 17, no.2 (1998) :17–8.

Schaller, George, Jachliin Tserendeleg, and Gol Amarsanaa. "Observations on Snow Leopards in Mongolia." In *Proceedings of the Seventh International Snow Leopard Symposium,* 33–42. Seattle, Wash.: International Snow Leopard Trust, 1994.

Schaller, George, Ravdangiin Tulgat, and B. Navantsatsvalt. "Observations on the Gobi Brown Bearin Mongolia." *Moscow: Bears of Russia and Adjacent Countries—Status of Populations; Proceedings of the Sixth Conference of Specialists,* 1993.Vol.2, pp.110–23.

Scharf, Katie M., Maria E. Fernandez-Gimenez, Batjav

Batbuyan, and Sumiya Enkhbold. " Herders and Hunters in a Transitional Economy: The Challenges of Wildlife and Rangel and Management in Post-Socialist Mongolia." In *Wild Rangelands,* ed. Johan Du Toit, Richard Kock, and James Deutsch, 312–39. Oxford: Wiley-Blackwell, 2010.

Sergel enkhuu, Jambal, and Batlai Oyuntseseg. *Flowers of Hustai National Park.* Ulaanbaatar: Selenge Press, 2014.

Stubbe, Annegret, ed. *Exploration into the Biological Resources of Mongolia.*Vols.10; 16. Halle/Saale, Germany. Martin-Luther-Universität Halle-Wittenberg, 2007; 2016.

Suttie, J. M., and S. G.Reynolds, eds.*Transhumant Grazing Systems in Temperate Asia.* Rome: FAO, 2003.

Townsend, Susan E., and Peter Zahler. "Mongolian Marmot Crisis: Status of the Siberian Marmot in the Eastern Steppe." *Mongolian Journal of Biological Sciences* 4, no.1（2006）:35–43.

Tulgat, Ravdanjiin, and George Schaller. "Status and Distribution of Wild Bactrian Camels *Camelus bactrianusferus*." *Biological Conservation* 62（1992）: 11–9.

Wingard, James, and Peter Zahler. *Silent Steppe: The Illegal Wild life Trade Crisis in Mongolia.* Washington, D.C.: East Asia and Pacific Environment and Social Development Department of the World Bank, 2006.

Wang, Xiaoming, Helin Sheng, Junghui Bi, and Ming Li. "Recent History and Status of the Mongolian Gazelle in Inner Mongolia, China." *Oryx* 31, no.2（1997）: 120–26.

Zahler, Peter, Kirk A.Olson, George Schaller, et al. "Management of Mongolian Gazelles as a Sustainable Resource." *Mongolian Journal of Biological Sciences* 1（2003）:48–55.

Zhirnov, L. V., and V. O. Ilyinsky. *The Great Gobi National Park: A Refuge for Rare Animals of the Central Asian Deserts.* Moscow: USSR/UNDP Project, Centre for International Projects, GKNT, 1986.

致 谢

从 1989 年至 2007 年，我多次前往蒙古，就野生动物和保护问题开展合作，得到数个机构和许多人士的宝贵帮助。其中大部分机构和人士在本书正文都已提及，在本书末尾列出的合作出版物里也提到了。作为总部在纽约的国际野生生物保护学会（Wildlife Conservation Society）的野外生物学家，我在该学会的支持下赴蒙古工作。我要特别感谢蒙古环境与自然协会的加齐勒·次仁德勒格。他对我们的工作一直兴趣盎然并持续做出贡献，对我激励甚多。他于 2001 年去世，我们失去了一位朋友和同事，蒙古失去了一位最敬业的保护人士。自然和环境部、蒙古科学院、蒙古国立大学和大戈壁国家公园管理局，都为我们的项目做出了重要贡献。我特别感谢自然和环境部部长赞巴·巴特吉日嘎拉提供的宝贵协助，并谨对他致力于保护环境表示钦佩。联合国开发计划署通过全球环境基金，在蒙古开展东部草原生物多样性项目，使许多蒙古和外国研究人员能够到实地考察，包括我自己。几个机构协助我们分析标本和评估数据。这些机构包括康奈尔大学动物科学系、国际野生生物保护学会的野外兽医项目小组和史密森学会的保护与研究中心。

无论什么时间、什么季节、什么天气，蒙古的牧民家庭都会为我们提供帮助和食宿。他们的善意是我对蒙古最美好的回忆之一。

许多人在野外提供了宝贵的帮助，其中大多数是蒙古人，但也有俄罗斯人、澳大利亚人和北美人。值得一提的是，蒙古同事中的巴达玛扎布・拉瓦苏仁、阿日瓦丹・图拉嘎特和达利亚・敖登呼。我的妻子凯干练地协助了几次旅行。托马斯・麦卡锡和柯克・奥尔森都对蒙古野生动物进行了多年的研究，后者在蒙古定居，为蒙古倾其所有。我也对帮助过我的贝丝・沃尔德表示深深的感谢。

我感谢所有个人和机构为这个项目和蒙古环境保护做出的宝贵贡献。

我还要感谢两位审稿人的评论，感谢耶鲁大学出版社麦克・迪内和苏珊・莱提出色的编辑。